社会主义新农村建设·政策导读丛书

新农村：村容整洁

左 停 主编

中国农业大学出版社

主　编　左　停

副主编　张庆文

参　编　苟天来　柴浩放　鲁静芳

社会主义新农村建设系列丛书
指导委员会

孟庆田　天津农学院教授
郑清智　中国农业发展集团总公司总经理
姜　毅　安徽省政府采购中心主任
姜丽明　中国银行业监督管理委员会合作
　　　　金融机构监管部副主任
查理森　中华合作时报社副总编辑
赵志杰　山西省中小企业局副局长
赵建生　山西省财政厅农业综合开发办公室
　　　　主任
赵鸣骥　财政部农业司司长
徐加爱　商务部财务司副司长
钱啸森　审计署干部培训中心主任
梁田庚　农业部人事司司长
黄晓英　北京曲辰教育咨询有限公司总经理
曾业松　中共中央党校研究室主任
戴建功　山西省农机局副局长

社会主义新农村建设·政策导读丛书
编　委　会

关于建设社会主义新农村的若干问题
（代序）

党的十六届五中全会明确指出：建设社会主义新农村是我国现代化进程中的重大历史任务。2006 年初，中共中央、国务院又发出了“关于推进社会主义新农村建设的若干意见”。扎实稳步地推进社会主义新农村建设，不仅是党中央对进一步开创“三农”工作新局面的重大战略部署，而且也是全面贯彻落实科学发展观、构建社会主义和谐社会所不可或缺的重要内容。

一、中央为什么再次提出建设社会主义新农村

“建设社会主义新农村”在我们党以往的文献中曾多次提出过。党的十六届五中全会通过的《中共中央关于制定国民经济和社会发展第十一个五年规划的建议》中，再次提出了“建设社会主义新农村”的目标和任务。

1. 鲜明的时代特征和丰富的科学内涵

党的十六大明确提出了“统筹城乡经济社会发展”的要求，十六届三中全会提出了“建立有利于逐步改变城乡二元经济结构的体制”，这些都构成了再次提出“建设社会主义新农村”的特定时代背景。十六届五中全会提出的“建设社会主义新农村”，则是基于我国总体上已经进入“以工促农、以城带乡”发展阶段的重要判断，着眼于全面建设小康社会和基本实现现代化的全局提出来的。因此，按照统筹城乡经济社会发展的要求，落实工业反哺农业、城市支持农村的方针，就是这次提出“建设社会主义新农村”的最鲜明的特征，其内涵也必然更为丰富，这就是“生产发展、生活宽裕、乡风文明、村容整洁、管理民主”。

2. 建设社会主义新农村是党对“三农”工作的认识不断深化的必然结果

随着经济社会发展的阶段性变化，党对“三农”问题的认识也在与时俱进地日益深化。党的十六大报告第一次明确提出，“统筹城乡经济社会

发展，建设现代农业，发展农村经济，增加农民收入，是全面建设小康社会的重大任务”。党的十六届三中全会首次明确提出了坚持以人为本，全面、协调、可持续的科学发展观并具体化为“五大统筹”。党的十六届四中全会上，胡锦涛总书记提出“两个趋向”的观点。2004 年底的中央经济工作会议上，胡锦涛总书记进一步指出，之所以提出“两个趋向”，是因为我国在总体上已经到了“以工促农、以城带乡”的发展阶段。2005 年 3 月，温总理在政府工作报告中也明确提出，“要适应经济社会发展新阶段的要求，实施工业反哺农业、城市支持农村的方针”。可见，到十六届五中全会召开之前，党中央已经根据经济社会发展的阶段性变化，为阐述提出建设社会主义新农村这一历史任务的重要性和必然性，从理论基础到思想认识作了层层铺垫，这一重大历史任务的提出具有必然性。

3. 建设社会主义新农村，既是长期的历史任务，又有现实的紧迫性

我国改革开放以来，在经济快速增长的同时，若干新的社会矛盾也在逐步积累和显现，其中突出的问题之一，就是城乡之间的发展差距还在继续扩大。解决这个矛盾的根本途径，就是制定加强统筹城乡发展的具体政策措施。建设社会主义新农村将是一个伴随现代化建设全过程的历史性任务，应清醒认识到推进社会主义新农村建设的紧迫感。现在提出新农村建设，至少有以下理由：第一，是建设现代农业的必然要求。第二，是遏制城乡差距扩大，实现城乡协调发展的必然要求。第三，是贯彻落实扩大内需的方针的必然要求。第四，是构建社会主义和谐社会的必然要求。第五，我国总体上已进入“以工促农、以城带乡”的发展阶段。

二、建设社会主义新农村的目标、任务和原则性要求

社会主义新农村建设是一个综合性、系统化的目标体系，是一个庞大的系统工程，需要进行全方位的把握，概括地说，就是“五个五”。

1. 总的要求：生产发展、生活宽裕、乡风文明、村容整洁、管理民主

重要的是把握三点：一是这五句话中最重要的就是生产发展和生活宽裕，也就是农民要增产增收。二是要明确第二个要求是“生活宽裕”而非“生活富裕”。三是这五句话是一个完整的整体，它不能被割裂开来。绝不能片面地把社会主义新农村建设理解为就是新村庄建设，一定要引导广大农村基层干部和农民认识到，社会主义新农村建设不是一个简单

的改变村容村貌的过程，不能仅仅变为拆老房、建新房的行动。

2. 要协调推进农村五大建设：经济建设、政治建设、文化建设、社会建设和基层党的建设

根据建设和谐社会的要求，中央提出了进行经济、政治、文化、社会“四位一体”的建设。结合农村的实际情况，党的农村基层组织建设确实还存在不少问题。胡锦涛总书记明确指出，要把新农村建设作为农村先进性教育围绕的一个中心来推进。

3. 在建设新农村的过程中要做到“五个必须坚持”

第一，必须坚持以农村经济发展为中心，进一步解放和发展农村生产力。第二，必须坚持稳定和完善农村基本经营体制。第三，必须坚持以人为本，着力解决农民群众在生产生活中最迫切的实际问题。第四，必须坚持因地制宜地搞好规划。第五，必须坚持调动各方面的积极性。

4. 推进新农村建设的具体工作中要做到“五要五不要”

第一，要注重实效，不要搞形式。第二，要量力而行，不要盲目攀比。回良玉副总理指出：“不要把那些好是好，就是学不了的典型，到处硬性推广。”第三，要民主协商，不要强迫命令。第四，要引导扶持，不要包办代替。第五，要突出特色，不要强求一律。要体现农村特色，让农民生产生活更方便；要突出当地文化的特色；要保持民族特色。

5. 建设新农村的“五大目标”

第一，农村生产力确实有新的发展。第二，农民生活水平确实有新的提高。第三，农村基础设施确实有新的改善。第四，农村社会事业确实有新的发展。第五，农村基层民主政治建设继续推进。

三、建设社会主义新农村必须进行体制机制创新

推进社会主义新农村建设，关键在于创新体制机制，动员能够动员的资源和力量，为实现这一重大历史任务提供保障。

1. 形成对农业农村稳步增长、效率不断提高的投入机制

现阶段，要顺应经济社会发展阶段变化和建设社会主义新农村的要求，坚持“多予少取放活”的方针，重点在“多予”上下工夫。要按照存量适度调整、增量重点倾斜的原则，不断增加对农业和农村的投入。扩大公共财政覆盖农村的范围，逐步形成新农村建设稳定的资金来源，建立“工业

反哺农业、城市支持农村”的长效投入机制。

2. 形成党委和政府各部门协调配合、齐抓共管的工作机制

建立高效、协调的工作机制是贯彻建设社会主义新农村任务的重要保证。各级党委要更加自觉地重视新农村建设工作，切实抓紧抓好，努力形成党委统一领导、党政各部门、社会各方面、各地区齐抓共管、各负其责的工作机制。

3. 形成充分调动广大农民积极性的激励机制

各级政府和领导干部要认识到，对农村的建设和发展特别是农村公共事业的发展，政府应勇于承担责任，积极予以支持；同时，要引导农民在国家政策扶持下发扬自力更生、艰苦奋斗的精神，依靠自己辛勤劳动建设自己的幸福家园。推进新农村建设，必须牢牢把握的两大重要原则是“从各地实际出发，尊重农民意愿”和“通过农民辛勤劳动和国家政策扶持”。

4. 形成吸引社会各方广泛支持的参与机制

新农村建设的主体虽然是广大农民，但必须坚持发挥各方面的积极性，引导各方面力量共同参与，使社会主义新农村建设成为全党全国的共同行动。一是政府部门和有关机构要充分发挥城市带动农村发展的作用。二是积极引导商业资本进入农村。

5. 形成逐步改变城乡二元结构的统筹发展机制

建立统筹城乡的经济和社会管理体制包括许多方面内容，也是一个漫长的过程。从世界各国改变农村地区落后的基本经验来看，最根本的就是要不断加大力度实现这两句话：“钱进去，人出来”。从我国当前的情况来看，农民最为迫切的要求之一，就是“逐步建立城乡统一的劳动力市场和公平竞争的就业制度，依法保障进城务工人员的权益”。

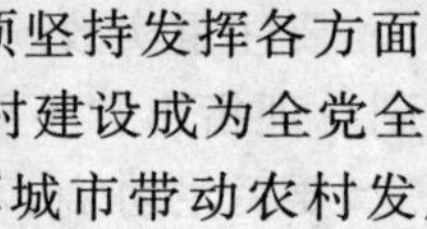

2007 年 1 月 6 日

前　言

党的十六届五中全会指出，建设社会主义新农村是我国现代化进程中的重大历史任务。按照“生产发展、生活宽裕、乡风文明、村容整洁、管理民主”的要求，扎实稳步推进社会主义新农村建设，是新形势下促进农村经济社会全面发展的重大战略部署，是实现全面建设小康社会目标的必然要求，是贯彻落实科学发展观和构建和谐社会的重大举措，是改变我国农村落后面貌的根本途径，是系统解决“三农”问题的综合性措施。

村容整洁是建设社会主义新农村的要求之一。我国目前城乡差距不断加大、农村发展停滞不前的一个很重要的因素是农村公共基础设施的投入不足，2006 年中央一号文件又明确提出“加强农村基础设施建设，改善社会主义新农村建设的物质条件”，村容整洁的目标就是要使农村脏、乱、差的状况从根本上得到治理，基础设施配套完备，生态环境和人居条件不断得到改善，使农村呈现出民居美化、街院净化、道路硬化、村庄绿化的新面貌。村容整洁是农业发展的环境条件，是农民生活的物质载体，也是社会主义新农村建设的外在表象。村容整洁目标的实现对于新农村建设具有重要的意义。

新农村建设是一个整体系统的工程，村庄建设是新农村建设中的一部分。实现村容整洁，最主要的措施就是村庄建设和整治。村庄建设是指在农村土地上进行的修建房屋以及其他基础、公共设施的行为，村庄建设强调一个从无到有的过程，是一个具体的行为在村庄体现。村庄整治是村庄建设中的一部分，更偏重于对现有设施的整理和治理，强调在原有的一些基础上进行的改进和改建，旧村改造就属于村庄整治。建设部对当前的新农村村庄建设提出了“村庄整治”的概念，强调在现有的基础上对村容村貌进行整治，而不是推倒重新建设，整治的过程也是村庄建设的过程。

村庄规划是村庄建设和整治的前提。农村脏、乱、差现象的存在跟村庄规划的制定有很大的关系。提高对村庄规划的认识，抓紧编制村庄建设整治规划，对村庄建设进行正确引导是当前实现村容整洁目标的当务之急。

本书的编写是按照从解决问题的方式出发的一种体例。首先对于“村容整洁”进行了阐述，包括含义、内容和意义，接下来分析了我国村庄布局建设的发展以及现状，从而提出了改变我国村庄建设现状、实现村容整洁的新农村目标的程序措施：规划—建设—整治；然后对国外的基础设施建设的经验进行了阐述，以便于为当前的新农村建设提供借鉴；最后结合目前新农村建设的现状，分析了存在的问题，提出了政策建议。

本书由中国农业大学人文与发展学院左停教授任主编，张庆文任副主编。编写具体分工如下：

第一讲左停、苟天来，第二讲苟天来、张庆文，第三讲柴浩放、张庆文；第四讲张庆文；第五讲张庆文；第六讲鲁静芳；第七讲左停、鲁静芳。全书由左停、张庆文拟定提纲、统稿。书中的照片除注明出处的外均由本书作者拍摄。

本书在编写过程中，参考了大量的文献、图片和资料并在页下和文末参考文献中列出，谨对作者表示衷心的感谢。本书的出版得到了中国农业大学出版社的大力支持，在此表示感谢。

由于作者水平和经验的不足，书中不可避免地存在错误和不妥之处，恳请专家、学者和广大读者批评指正。

编　者

2006 年 7 月

目　录

第一讲　社会主义新农村村容整洁概述

“村容整洁”是党的十六届五中全会提出的建设社会主义新农村的目标之一，就是要通过村庄规划与治理，加强农村基础设施建设，改善农村脏、乱、差的现状，达到和谐的人居环境的目标。村容整洁是建设社会主义新农村的重要内容，也是新农村建设的载体，在当前的新农村建设中有着重要的意义。

本讲要点

- 什么是村容整洁
- 村容整洁主要包括哪些内容
- 村容整洁建设的重大意义

一、村容整洁的含义

村容整洁，是指村庄布局合理、基础设施完善、服务设施齐全、生态环境良好，实现村庄布局优化、道路硬化、路灯亮化、饮水净化、庭院美化、环境绿化，构建人与自然和谐的适于人类生存与发展的人居环境。村容整洁是建设社会主义新农村的外显状态。①

村容整洁就是要使农村脏、乱、差的状况从根本上得到治理，基础设施配套完备，生态环境和人居条件不断得到改善，呈现出民居美化、街院净化、道路硬化、村庄绿化的面貌。它是农业发展的环境条件，是农民生活的物质载体，也是社会主义新农村建设的外在表象。建设社会主义新农村，以改善农村人居环境为突破口，以提高农民素质和生活质量为根本，协调推进物质文明、精神文明、政治文明建设速度，努力实现人的全面发展和农村经济社会的全面进步。村容整洁是社会主义新农村的外形体现，也是建设社会主义新农村的有效载体。

首先，从"生产发展"来讲，村庄环境是经济发展的前提条件。生产发展必须依靠好的环境，只有广大农民实现安居，才能乐业、创业，才能逐步实现农业现代化。如果道路难行、水难饮、环境脏乱差，造成疾病丛生、缺医少药的话，这样的地方，生存都困难，人们躲避都来不及，还谈什么创业，发展经济和解决"三农"问题就更无从谈起。城市需要优质的投资环境，农村也需要良好的创业条件和安居环境。

其次，从"生活富裕"来讲，村容整洁是农民生活富裕的要义之一。我们要减小城乡收入差别，实现城乡共同富裕。如果村庄人居环境改善了，尽管以货币计算的农民收入并不比城里人高，但农村的实际购买力以及与自然环境紧密结合的居住条件就比城里好，从而形成了一种均衡。村容整洁所产生的效果是让农民直接受惠、感受生活质量的富裕。

①董忠堂.建设社会主义新农村论纲.北京：人民日报出版社，2006.

再次,从“乡风文明”来讲,村容整洁是乡风文明的载体。环境好了,文明的程度才能提高。有位哲学家就讲过,“环境能够塑造人,人能够改造环境”,这两者是相互作用、相互促进的,也会引起良性循环发展的。抓乡风文明,应该从看得见、摸得着,让农民真正得到实惠的文明抓起。硬件设施的改善,才能使得人们的身心愉悦,才能提高人们对待周围事物的能力。如果我们的村庄破败、污水横流、垃圾遍地,在这种地方去跟农民讲文明,就很难有说服力。

最后,从“管理民主”来讲,管理民主实际上是一种实践,是一种农民自主从“干中学”的过程。成熟的民主体制始终伴随着永不停顿的成功实践。村庄整洁是在农民自主、村民自治、自我决策过程中所形成的民主决策的新内容,这种民主决策直接给农民带来利益,管理民主的习惯从中真正育成。从某种程度上说,村容整洁实现的过程,是实践我们民主体系的过程,是农村民主体系逐步发育、成长、成熟的过程。所以,离开这些与农民利益休戚相关的实践过程,谈民主管理往往就是空谈。

人居环境

人居环境,顾名思义是人类聚居生活的地方,是与人类生存活动密切相关的空间,它是人类在大自然中赖以生存的基地,是人类利用自然、改造自然的主要场所。人居环境的核心是“人”,人居环境的研究以满足“人类居住”需要为目的。“人居环境”就城市和建筑的领域来讲,可具体理解为人的居住生活环境。它要求建筑必须将居住、生活、休憩、交通、管理、公共服务、文化等各个复杂的要求在时间和空间中结合起来。因此,要求设计一种聚居地,使所有社会功能在满足目前的发展及将来之间取得平衡,使创造节约能源及材料的建筑设计与环境相协调,并有利于人的身心健康和美观的建筑与城市。

联合国人居奖

随着人们的居住环境在人口迅速增长所造成的压力下不断恶化，人居问题便越来越受到人们的关注。目前，无论是发达国家还是发展中国家，在人居领域都面临着一些同样的问题：拥挤、提供基本服务的经费不足、缺少适当的住房、基础设施每况愈下等等；全世界有40%～50%的城市居民居住在贫民窟中；整个人类住区(城镇和乡村)有10多亿人缺少住房或居住条件十分恶劣，至少有1亿人无家可归，有6亿人生活在各种危害健康和生命的境况中。

因此，为了使国际社会和各国政府对人类住区的发展和解决人居领域的各种问题给予充分的重视，并鼓励和表彰世界各国为人类住区发展做出了杰出贡献的政府/组织、个人和项目，同时也为了在联合国系统内确立一个人居方面的奖项，联合国人居署(原联合国人居中心)决定从1989年开始创立"联合国人居奖"，这是全球人居领域最高规格的奖励。

"联合国人居奖"自创立以来，一直受到世界各国政府的重视。每年，联合国人居署都要收到大量各国政府推荐的参加人居奖评选的项目材料，被推荐的候选者可以是政府机构/组织、个人或项目，内容可涉及人类住区的各个方面，如住房、基础设施、旧城改造、可持续人类住区发展、灾后重建、住房解困等。为了确保人居奖的权威性，人居署聘请了一批资深的官员和专家组成评委会，对所有候选者的申报材料进行严格的评审和筛选，最后选出获奖者。每年的获奖数量由人居署视情况而定，一般在10个以下。历年的获奖者均为在国际、地区或国家一级的人居领域内成就突出并有广泛影响的机构/组织、个人或项目。在每年的世界人居日期间，人居署将在一个事先选定的城市举行该项奖的颁奖仪式。

中国从1990年开始申报联合国人居奖，具体工作由人居署北京信息办公室负责。随着中国人居事业的不断发展，中国在人居领域已取得了举世瞩目的成就，并赢得了国际社会的广泛赞誉和肯定。到目前为止，中国已12次荣获联合国人居奖，这12个奖项分别是：唐山市政府(1990)，深圳市住宅局(1992)，上海市住房解困项目(1995)，建设部部长侯捷(荣获"人居特别荣誉奖",1996),中山市市长黄子强(1997),成都府南河综合整治项目(1998),大连市市长薄熙来(1999),杭州市政府(2001),包头市政府(2002),威海市政府(2003)、厦门市政府(2004)、烟台市政府(2005)。中国上述这些机构、个人和项目的获奖,必将进一步推动中国人居事业的发展,扩大中国在国际上的影响。

二、村容整洁的主要内容

《中共中央国务院关于推进社会主义新农村建设的若干意见》中指出:加强村庄规划和人居环境治理。随着生活水平提高和全面建设小康社会的推进,农民迫切要求改善农村生活环境和村容村貌。各级政府要切实加强村庄规划工作,安排资金支持编制村庄规划和开展村庄治理试点;可从各地实际出发制定村庄建设和人居环境治理的指导性目录,重点解决农民在饮水、行路、用电和燃料等方面的困难,凡符合目录的项目,可给予资金、实物等方面的引导和扶持。加强宅基地规划和管理,大力节约村庄建设用地,向农民免费提供经济安全适用、节地节能节材的住宅设计图样。引导和帮助农民切实解决住宅与畜禽圈舍混杂问题,搞好农村污水、垃圾治理,改善农村环境卫生。注重村庄安全建设,防止山洪、泥石流等灾害对村庄的危害,加强农村消防工作。村庄治理要突出乡村特色、地方特色和民族特色,保护有历史文化价值的古村落和古民宅。要本着节约原则,充分立足现有基础进行房屋和设施改造,防止大拆大建,防止加重农民负担,扎实稳步地推进村庄治理。

社会主义新农村村容整洁的目的,就是以村庄规划为龙头,以治理污染为重点,以"清洁水源、清洁家园、清洁田园"工程为抓手,以"农村废弃物资源化、农业生产清洁化、城乡环保一体化、村庄发展生态化"为主题,科学规划、统一组织,因地制宜,分类指导,深入开展农村环境综合整治,建立农村环境长效管理机制,改善农村环境质量,构建适于农村居民生存与发展的人居环境。

结合上述的论述，我国新农村村容整洁的内容应该包括以下几个方面：

1. 布局合理

所谓布局合理，就是指农村的人居生产生活环境，应本着有利生产、方便生活的原则合理布局，使生产环境高效、生态、安全，生活环境清洁、卫生、舒适。要按照生态经济学的原理，科学设置农村环境的功能分区，使居住功能区、农业功能区、文体活动区等区域相互协调、和谐共处。在农业功能区应大力推广生态农业、有机农业，改善农村生态环境，实现农业生产的良性循环。在居住功能区应树立循环经济理念，推广生态建筑，优化农村居住环境，实现居住环境生态化。

布局合理在达到上述目标的同时也应该考虑到不同民族和不同地域的实际情况，很明显的是我国南北方的不同地理条件，对于村庄布局的功能分区就不能按照同一个标准来进行。这中间还涉及到民族的传统和习惯问题，一定要在尊重民族传统和习惯的前提下来进行标准化的建设。

2. 设施完备

所谓设备完备，就是指农村的基础设施配套工程的建设要完备。当前城乡差距中一个重要的方面就是农村在公共基础设施方面与城市的差距，因此在新农村的建设中针对农村的交通、供水、供电、通讯、环保等基础设施的建设要齐全配套，抗汛防汛、排污、消防等防灾设施要比较完备。

目前，全国还有 8%左右的行政村不通公路，中西部地区大多数村基本没有硬化路，全国 2.4 亿农户中还有一半没有通自来水，还有数千万农村人口饮用水没有达到卫生安全标准，无电人口也还有几百万户，绝大多数农村地区没有生活垃圾和污水处理设施。因此，实现村容整洁必须加强农村基础设施建设。

3. 街巷整齐

农村街巷要规划合理、道通路平,无乱堆乱放、乱搭乱建、乱贴乱画、乱排乱倒现象。现在的问题是,我国有近60%的村庄没有建设规划,有的村庄内宅基地高低不平,有的街巷交错混乱,村庄布局杂乱无章。多数村庄内禽畜混养,粪便及生活垃圾没有进行无害化处理,街巷内污水横流,村庄环境脏、乱、差。实现村容整洁必须整治街巷、人畜分开、规范垃圾处理与排放。

4. 庭院整洁

庭院要布局合理,绿化美观、建筑风格个性与共性相辉成趣。充分发挥庭院经济功能,营造庭院生态经济环境。充分利用庭院空中、地面和地下的空间,养花种果,为人居生活创造良好条件。通过沼气池将人、畜及其他生活垃圾进行生态化处理,变废为宝,实现废物的无害化利用。

5. 生态良好

村容整洁中还有一个重要的方面是生态的良好持续发展。村容整洁的范围应该不仅限于村庄内部,还应该有一个生态良好的周边环境。对于生态环境的要求是:山要青,水要绿,天要蓝,空气要洁净,四边(路、河、塘、宅)要绿树成荫,要保证农民喝上洁净的水,呼吸新鲜空气,吃上安全放心的食物;同时结合现有的资源状况,开展"生态村庄"的建设活动,引领大家积极加入到"生态村庄"的建设中来,有条件的地方也可以结合活动建设开展"生态旅游"或者"农家游"活动,让美好的环境在带来愉悦身心的同时也带来积极效应。

整洁的村容

三、村容整洁的意义

村容整洁是建设社会主义新农村的五项内容之一，目的是从根本上治理乡村“露天厕、泥水街、压水井、鸡鸭院”等脏、乱、差的生产、生活现状，建设成民居美化、街院净化、道路硬化、村庄绿化的新农村。同时村容整洁也是手段，前面也已经提到，村容整洁是新农村建设的外显状态，一个街道整齐、环境优美的新农村不仅对于村内的农户产生影响，对于外界的投资以及村庄的自身发展等也有比较重要的意义。

首先，村容整洁有利于保护我们自身和各种牲畜的健康。目前，在农村的很多地方，家禽、家畜大多散养，鸡鸭到处跑，牛羊随处放，粪便、污水肆意横流，沟渠水塘毁损严重，生活用水也不卫生……这既影响了农民的生活质量，也容易导致疾病的发生和传播。

2005年的猪链球菌感染[①]

2005年四川省发生了猪链球菌感染，累计报告人感染猪链球菌病例204例，其中死亡38例，治愈出院146例，现住院病例20例。病例分布在资阳、内江、成都等12个市37个县(市、区)131个乡镇(街道)195个村(居委会)。在8个地市21个县市区88个乡镇149个村发生了生猪猪链球菌病疫情，死亡猪647头。

其次，能为广大农民带来增收的潜力。有句话说得好：世界上没有垃圾，只有放错了地方的资源。其实，农村的很多“废物”都是宝贝。例如秸秆可以造纸、玉米可以做青贮饲料、禽类粪便可以制作沼气，甚至玉米穗的皮都可以编成美丽的工艺品。所以说，搞好村容整洁，放远了看，就是

①四川猪链球菌病疫情评估报告：疫情基本控制．央视国际．http://www.cctv.com/news/china/20050821/101275.shtml.

发展生态、循环农业。

再次，有利于改善我们的综合发展环境。有个整洁、清爽的环境，不仅能让我们对自己的生活更满意、更自信，还能提升乡村的整体形象，从而吸引更多的投资，招纳更多的人才，积蓄发展后劲。

林毅夫论新农村基础设施建设与启动农村内需①

我国最大的存量需求在农村。存量需求是指，有支付能力，但因为体制性、结构性或者制度性原因而使其有支付能力的需求没有办法实现。农村消费水平低下一方面是因为农民收入水平低，另一方面是因为和生活有关的基础设施严重不足。1998年的农村人均纯收入实际上比1991年城市人均可支配收入高，但彩电、冰箱、洗衣机的拥有量却低了很多，而彩电等产品从1991年到1998年价格下降很多。在收入水平相当、产品价格下降的情况下，农村需求仍然比城市低很多，从而证明收入并不是最主要的因素。最关键的因素是现代化的消费必须要有现代化的设施，要有电、自来水、上水、下水、电视信号、道路等等。基础设施缺乏是限制农村消费的主要因素。

以基础设施建设为主要内容的新农村建设不仅可以启动农村巨大的农村消费市场，还可以实现农村现代化，构建和谐社会和全面建设小康社会。如果农村里每家都能看到彩电的话，他们的思想观念可以现代化。如果村村通路，那么农村就可以和市场连结起来，农民就可以进入到现代市场经济体系中。若没有这些基础设施，或者这些相关设施不能改善，那么城乡之间就不仅是收入差距大，生活差距也很大。这样就不可能有和谐的社会，也不可能有全面的小康社会。

村容整洁的意义不仅表现在上述几个方面，同时还表现在我们和谐社会的建立上。长期以来，城乡二元分割的体制下，对农村的公共投入远低于对城市的公共投入。加大农村的村容整治实际上也是平等地看待城

①林毅夫.关于社会主义新农村建设的几点思考.世纪桥，2006(4).

乡关系，减小城乡差异的重要手段。

建设部村镇建设办公室主任李兵弟谈城乡差距[①]

当前，在农村建设中间存在着生活方式不够现代，资源环境造成很多问题，农村人均建设用地从1993年的147.8米^2，增加到2002年的167.7米^2，这些年净增了将近20米^2。也就是农村每个人口的建设用地并没有随着城镇化的发展下降，现在正在增加，这个问题显然也要引起我们的重视。村庄每年大概要建4亿米^{2}的住宅，根据我们的调查，公共投入差距大。我们算了一笔账，2003年，城市公用设施人均投资1 320元，农村的有多少呢？只有67元，相差了20倍。这样长期下去，当然是影响我们全面建设小康，影响我们和谐社会，影响农村的繁荣与稳定。因此我觉得20字的方针，内容丰富，内涵深刻，把农村人居环境的改善提到当前必须要重视并且同步推进解决的阶段。

对于村容整洁的内容，要达到村容整洁的新农村建设的目标，就要开展村庄建设和村庄整治。村庄整治是当前新农村建设中对于实现可持续的人居环境的主要措施。村庄整治是村庄建设的一部分，主要的区别是村庄整治侧重于对现有设施的整理和治理，强调在保持原有的基础上进行的改进和改建，更符合当前我国农村建设的实际情况。在已经发展起来的村庄的建设中更多的是村庄的一种建设行为，一种从无到有的过程，后发展的村庄的建设更多的应该是一种整治，建设为辅。

在“生产发展、生活宽裕、乡风文明、村容整洁、管理民主”五大目标中，可能见效最快、立竿见影的就是村容村貌的整治了。村庄整治必须立足于村庄已有基础，编制和实施村庄整治规划与行动计划，通过农民辛勤劳动和国家政策扶持，以改善农民最急需的生产生活条件为目标，因地制宜、量力而行，优先整治村内供水、道路、排水、垃圾、住宅与畜禽圈舍混

①中国农村人居环境现状：九成村庄无任何消防设施．新华网，http：// news．xinhuanet．com/video/2006-1/13/content_4047245．htm．

杂、废弃宅基地、公共活动场所等项目，突出乡村特色、民族特色和地方特色，改变农村落后面貌。加强村庄整治工作，有利于提升农村人居环境和农村社会文明，有利于改善农村生产条件、提高广大农民生活质量、焕发农村社会活力，有利于改变农村传统的农业生产生活方式，是惠及农村千家万户的德政工程，是立足于现实条件缩小城乡差别、促进农村全面发展的必由之路。

第一讲

第二讲　我国村庄布局建设

村庄是农村的重要组成要素，是人类聚居的场所，也是人类生产、生活、繁衍发展的地方。村庄建设的发展过程是与社会环境发展相适应的，通过村庄建设的发展我们可以看出农村发展在整个社会中的地位以及受重视的程度。新农村建设中提出了村容整洁的要求，为此要求我们首先了解我国村庄布局的建设以及发展历程，才能在此基础上对村容整洁做出较完整的理解。

本讲要点

- 相关的村庄概念说明
- 村庄的起源历史
- 村庄布局的类型及形成条件
- 当前我国村庄布局建设的现状以及存在的问题

一、和村庄相关的概念[①]

我们首先了解几个和村庄相关的概念。村庄的概念在人们的日常生活中是和许多的相关概念混合的，即使是在一些学术文章中，对于村庄建设的提法也往往是混在其他的概念中的，所以在开始首先了解与村庄相关的概念，以建立讨论平台。但总体说来，这些概念都反映了村庄包括的一些要素：固定的区域范围，一定规模的人口，彼此的生产和生活多息息相关，还有相应的社会文化。这些都反映了村庄是一个多功能的系统。

（一）乡村和农村

在人们的用语中，习惯于将“乡村”与“农村”等同使用，再如费孝通先生还使用“乡土”一词（如称乡土中国、乡土社会）。著名的乡村社会学家杨懋春将“乡村社会”与“农村社会”等同起来，他认为：只一个村不能算是个农村社会。一个完整的农村社会须包括一群农民家庭、自数个至十余个的村、一个集镇及集镇与其周围各村所形成的集镇区。这样一个农村社会就是“乡村社区”，它“以家庭为单位，以村为中坚，而以集镇区为其范围。”在这里，“乡村”是与城市相对应的，而与“农村”是一致的。《中国乡村建设》一书也持相同的看法，认为“乡村，是相对于城市的、包括村庄和集镇等各种规模不同的居民点的一个总的社会区域概念。由于它主要是农业生产者农民居住和从事农业生产的地方，所以又通称为农村。”美国学者R·比勒尔等人认为：“在美国早期历史上，‘农村’一词指的是人口稀少、绝对面积不大、比较隔绝、以农业为主要经济基础，人民生活基本相似而与社会其他部分、特别是城市有所不同的地方。这就是说，‘农村’一词至少有三种各自独立的含义，即：①生态方面的；②行业方面的；③社会

①参考肖唐镖《乡村建设：概念分析与新近研究》一文，转引自 http://www.usc.cuhk.edu.hk/wk_wzdetails.asp? id=3083。

文化方面的含义。这三种含义,不用说,有相互牵连的关系。”

(二)村庄和集镇

村庄的概念是和聚落相联系的。聚落,是人类活动的中心,它既是人们居住、生活、休息和进行各种社会活动的场所,也是人们进行劳动生产的场所,不仅在聚落内部有各种企业工厂进行工业生产和商品流通,而且聚落内部也进行着农副业生产。农村聚落是指除了城市外位于农村地区的所有居民点,包括村庄和集镇。聚落一词,起源颇早,《史记·五帝本纪》有“一年而所居成聚,二年成邑,三年成都”。注释中称:“聚,谓村落也。”《汉书·沟洫志》有“或久无害,稍筑室宅,遂成聚落。”因而,狭义理解,聚落指的是有别于都邑的农村居民点。村庄是数量广大的农村聚落,它是以农业(包括耕作业和林牧渔业)生产为主的居民点。现在,村庄中也发展了村办工业和个体工业,以及其他行业,按照居住在村庄内的人们的经营项目的性质和村庄的不同生产性建筑和公共建筑设施等,村庄也可以分为农耕业村落、牧业村落、渔业村落、林果业村落、副业村落、狩猎业村落、工矿业村落以及文化村、旅游疗养村等多种聚落。各地对村落有许多不同称呼,如庄、屯、里、寨等。

村庄和集镇有时统称为农村,其实这一称呼不甚确切。一方面,农村一词在我国不仅可以用来指聚落(村庄),也用来指一个广阔的非城市地域;另一方面,我国广大的汉族地区,农业(狭义的,即耕作业)是乡村地区的主要生产内容,所以把这些村庄泛称为农村,而实际上,我国广大少数民族的乡村地区的聚落是牧村。村庄和集镇之间没有一条截然的分界线,它们是一个有机的整体,都是农村地区居民的生活场所。集镇作为农村中心(政治、经济、文化、交通)而存在和发展着,集镇为村庄提供各种服务,村庄是集镇经济的腹地,它们相互联系、互相制约,它们可以逐渐过渡和转化,集镇由村庄发展而成,集镇的服务作用衰退也可变为村庄。有的乡间小镇,仅有几家商店和服务设施,这种介于村、镇之间的聚落类型,在我国各地都可以发现。我国的集镇,在很大程度上带有村庄的性质,农业人口占很大比重。即使那些乡镇工业发达的地区,农业经济在这些自然集镇中仍占有重要地位。

村庄和集镇的概念是一体的，在1993年国务院颁布的《村庄和集镇规划建设管理条例》中把村庄定义为“农村村民居住和从事各种生产的聚居点”。集镇定义为“乡、民族乡人民政府所在地和经县经人民政府确认由集市发展而成的作为农村一定区域经济、文化和生活服务中心的非建制镇”。

通过以上的说明可以看出，同样对于农村这样一个区域，针对不同的情况有不同的称谓，有地域的、产业的、社会的等不同出发点的名称。对于农村的研究，由于其本身就是复杂的系统工程问题，涉及到许多的学科和专业，因此在对此的研究上各个学科的专家所用的名词也有所区别。具体到农村建设的问题，在前人的研究中就用“乡村建设”一词，在海外，人们一般是用“乡村发展”(rural development)或“乡村变迁”而非“乡村建设”(rural building)。因此在谈到当前的新农村建设的问题时，对于前人的考究，我们不能只关注那些“农村建设”的概念，而应该了解在历史的发展中概念本身也是发展的。

根据以上的讨论，我们认为在这里应该强调的一点是：在当前的新农村建设研究中，农村是一个广泛的概念，它包含了经济、政治、社会、环境、地域等方面的概念，“20字方针”就是具体写照。对于其中的村容整洁来说，主要是指村庄和集镇的概念，涵盖了农村概念中的环境和地域两个方面。

二、村庄的起源

在原始社会，人类为了生存必须建立适当的居住地，以防寒暑风雨和避免野兽袭击，但人类并没有固定的栖息地，主要利用自然洞穴藏身。原始村落多建在自然资源丰富的低山林区，便于渔猎和采集，食物主要以天然食物为主。随着社会生产力的发展，人类逐步掌握了养殖、农业等技术，逐步开始选择适合居住的地区开始定居生活。

传统中国，除京师和省府州县治所所在地有以城墙为特征的“城”以外,都是乡村,而乡村中自然形成的基本单位就是"村"、"落",即是"聚"。自魏晋南北朝隋唐逐渐形成以"村"称乡间聚落以来,乡间的大小聚居地,通常都可称为"村落",或称"村庄"。在地理上,村落可能是指一个集结居住的"区域",或指若干个居住点或几个散落的农庄(homestead)的中心点①。

蒙古人的住所聚集地不称为村落或者村庄,而称为营盘。游牧民族以逐水草而居为代表的游牧生活包括划定季节牧场、规定游牧路线等基本环节。各地区的牧场却大体划分区域,成为固定的部族或部落放牧场所,草原民族的季节迁移、转换营地基本限于在划定的区域内进行,越过界线到其他部落牧场内放牧的现象虽然在草原上不是新鲜事,但以一个区域为基本核心构成游牧空间,却是草原上通行的习惯。营盘为牲畜过夜休息的地方,牧民一般白天在营盘周围一定范围内放牧,夜晚归宿营盘。营盘往往设在牧场中心地带。按类型分为临时、固定和辅助营盘。蒙古人为了保持营盘周围的牧草不被立时吃光,一般都是牧民各家独居,每家相距数十里,两家同居一处或相距十里内者较少,三家同住一地者更为鲜见,具有明显的分散性。游牧社会中,不仅蒙古人的营盘具有这样分散性的特征,青藏高原的藏民也有同样的生活方式,一般一个部落有二三百人家,其帐幕都绵延地散布在一二十里地面之间,若聚居一处,牲口数量过多。

由此可以看出,村庄就是人们由于生存的需要,依据自身的资源或者生存环境的需要而建立起来的聚居地。著名学者费孝通先生在他的著作《乡土中国》中对于乡村的形成解释了几个原因②:①每家所耕种的面积小,住宅和耕地距离不会太远,相互之间因此聚集在一起;②他们有合作的需要,在一起住合作起来比较方便;③为了安全,人多了容易保卫;④土地平等继承的原则下,兄弟分别继承祖上的遗业,使人口在一地方一代一代地积起来,成为大的村落。(乡村和村庄的含义在这里是一致的)

随着社会经济的发展,特别是在当前,在工业化、城市化和现代化进

①王庆成.晚清华北村落.近代史研究,2002(3).

②费孝通.乡土中国.生活·读书·新知三联书店,1985:4.

程中，随着农业劳动力逐步向非农产业转移，农村人口日益向城市集中，作为地域概念上的自然村落一面是正在逐步减少、萎缩乃至消失，一面是由封闭走向开放。随着成员流动性的增强、现代交通的日益完善、通讯的发展和市场经济的深入，村庄与外部世界的信息沟通越来越方便、迅速，交往与联系越来越密切，传统意义上的村庄概念越来越模糊。村庄的传统形态发生变化，使过去村民们建立在一村之内关系互动的相对封闭系统被打破，村庄的内涵和外延都在扩展、放大，村庄已只是人们传统意识中的一个地域概念。

三、村庄布局的类型

村庄布局可以分为村庄整体布局和居民点布局。村庄整体布局是针对村庄整体而言，这种布局多是因为村庄内不同的团体根据资源、区域和传统的不同而在村庄内占据不同的区域而构成村庄，或者是因为根据生产和生活等功能的区分而成的整体布局。居民点布局则是各个农户根据生产和生活的便利等安排自己的居住点，最终而形成居住点布局。

（一）村庄整体布局

村庄在漫长的岁月变迁中在自然环境、社会经济、政治、文化和自我的选择等条件的影响逐渐形成各自的形态。一般对村落布局分类的方式有两种，一种是按村庄聚落形态分，一种是按村庄内部聚落结构分。村庄聚落形态是指村庄聚落的平面形态；村庄内部聚落结构是根据由各种社会经济、自然条件等影响下形成的各小聚落的分布形态。

村落的类型按聚落形态分，可以分为聚集型村落和散居型村落。集聚型村庄的住宅聚集在一起，内部联系比较紧密，安排紧凑。散居型村庄的小聚落分散，住宅也相对分散，零星分布。

按村庄内部聚落结构分，目前常见的类型有主轴型、子母型、串珠型、均衡型、中心型和星点型。

主轴型是以带状大村构成一个生产和行政单元,这种村庄人口规模大,占地面积大,这些村庄周围还分布一些零星的小村。村落的商业服务设施和社会活动场所主要聚集在中心。

子母型是以一个大村为主,配合若干小村构成生产和行政单元,周围有少量的小村。大村中央集中了商业服务设施和较大的社会活动场所,小村也聚集了少量的商业服务设施和社会活动场所。

串珠型是若干规模相仿的村庄,由于地形等原因,形成串珠分布,常见于河谷、沼泽和山麓等地。它们共同组成一个生产和行政单元。这些村庄规模相仿,但只有一个是行政中心,生活服务设施一般距离大部分农户的居住点相距较远。

均衡型是村庄规模相仿,常分布在平原地区。有一个较大的中心行政村,一般商业服务设施也较均衡分布,中心有较大的社会活动场所。

中心型有一个小型村镇作中心,其他农户分散在田头和耕地近旁,多为多家村或三家村式的住宅。牧区常属于这种类型,有大队(村委会)驻地,供应生产和生活资料,其余牧民零散地在草原定居或者游牧。

星点型在山区丘陵,许多分散的农村居民点构成村庄,有这些分散的农村居民点分别由独户或者几家相邻的居民点组成。没有中心村,行政中心一般设在村的中心。

(二)居民点布局

农村居民点的布局,从村庄的平面形态区分,大体上有两种:一种是居民点内的各项建筑相对集中布置,村庄用地的形态呈方形或长方形,一般称为块状布局形式;另一种是住房和公共建筑以及生产性建筑,呈先后排列,这种布局主要是一字形布局和非字形布局。

居民点呈块形布局的村庄一般在平原地区和盆地地区。这种布局的村庄住宅较为紧凑,密集成团,成片布置,聚落的形态呈圆形或者不规则的多变形。这种聚落,一般位于耕作地区的中心,或近中心而地形和生活设施都有利于建造聚落的部位。

一字形布局的建筑物位于河流、渠道、道路和河谷等旁。这种布局相对块形布局而言较分散。布局常为了取水方便而靠河建房，通风性能也好。

非字形布局的建筑物一般靠小河，沿河而建，一般是沿南北流向的河流。河窄，两岸通行方便，取水也方便，采光也较好。

四、村庄布局建设的形成条件

在传统的村庄选址过程中，风水在传统社会中是指导人们生活的重要理论，在漫长的历史中，逐步成为古人因择居需要而建立的融建筑学、生态学、规划学和美学等为一体的综合性学科。传统的村庄布局的村基选址往往跟风水知识相关联。村基选址定位活动称为相地，一般多由风水师善察地理，进行踏勘观测，使村镇在良好的地段中落位。观测完毕，风水师框定村址范围，并画出村基图，最具代表性的是枕山、环水、面屏的村落选址。

村庄布局的形成是和自然、经济、社会文化等条件相关联的。在长期的生活实践中，人们逐步适应当地客观的自然条件，并根据自然条件选址，同时在社会、经济、政治和文化等主观条件的变化中，逐步形成了各地独特的村庄布局。

(一)自然条件

自然条件与村庄布局关系密切。当地的降雨量、通风情况、采光情况、自然灾害、土壤结构等都影响到村庄的选址和布局。比如山区的建筑则依山而建，参差错落；而北方平原地区则相对集中；建筑材料也因取当地之材，建筑结构也因受当地的气候等条件影响较大。影响村庄布局的常见自然条件有：

(1)场地位置、地形地貌、地质构造、不良地理现象和地震基本烈度；

(2)场地的场层分布、岩石和土的均匀性、物理力学性质、地基承载力和其他设计计算指标；

(3)地下水的埋藏条件、水资源获取地点、侵蚀性和土层的冻结深度；

(4)场地的稳定性和适宜性；

(5)常年和最大洪水水位，地面排水、积水和沼泽地情况，以及饮用水源情况；

(6)场地的合理建筑范围，合理的交通出入口；

(7)区域内气候的场地微气候；

(8)景观和绿化植被，生态状态。

现有的村庄布局经过长期历史发展形成，在一定程度上都是在对当地自然条件的长期识别和适应上做出的选择，具有良好的地势条件、预防灾害以及方便生产和生活的布局优势。

(二)经济条件

社会经济条件也是村庄布局形成的重要条件。村落的农户拥有资源条件、交通条件、经济发展程度等也决定着村庄的规模和分布。

当地的自然资源条件决定了当地村庄的规模。一般土地资源、林地资源、草场资源和水资源等的拥有量大小决定了村庄人数的大小。当地的人口依赖于这些资源而生存，负载过多的人口都会对当地资源的可持续利用产生负面影响，从而影响到当地人的生计。

村庄的布局与可利用资源的位置也有关系。村庄一般都布局在离资源较近的地方，农户的住宅也建在与生产相近的位置。如现在北方的大片耕地被农户承包后，许多农户都迁出旧村，在耕地附近修建屋舍，这样是为了更方便生产；游牧民族过去营盘也是为了使居住地更适合放牧。

交通条件对村落的形成和布局也起着重要作用。许多村落早期发展主要沿过境公路扩展，条带状的村庄就是依托单一方向的过境公路发展起来的，团状村落则常依赖于“十字”公路发展而来。这种聚落方式是为了方便当地的生产和生活，同时还因为交通要道的人口来往较多，而易发展商业。

现在的一些经济实力较强的村落则逐步走向集体规划的村庄布局建设方式。如华西村、南街村等等，都是在集体经济实力达到一定程度以及社区的非农就业人口增加后，逐步实现村庄建设的集约用地、统一布局的新局面。

（三）社会文化条件

传统的村落布局受社会文化条件影响也极大。一般而言，在当地聚落的农户相互之间都逐渐形成了长期的互助的关系、宗族关系等等。

农户之间长期互助的关系包括很多内容，如，相互之间交流传播农业生产信息、外出打工信息，相互之间接济生产和生活用品，相互之间进行修房、从事农业生产和各种仪式活动的换工等。这些关系决定了农户与农户之间代代相邻，甚至有的农户为了跟关系较好的农户互助方便还重新选址盖房。

宗族关系也是村庄布局形成的因素之一。在一些宗族观念较强的地方，村庄中还设置有祠堂等宗族开展活动的公共场所。这些建筑布局已不仅仅表现出物质形态，而且还表现出所在社区的一种文化，同时村民通过开展活动也拉近了相互之间的关系，促进了相互之间对生产和生活有利的信息交流。

近年来，一些公共娱乐设施也在村庄中发展起来。如在一些经济条件较好的农村社区设置了健身场所，供村民锻炼、娱乐和交流之用。在一些农村专门为节日庆祝建设了娱乐场所，如青海一些农村过年时开展社火、射箭比赛、舞蹈比赛等活动。

五、我国村庄建设发展的历史

我国的村庄建设从旧中国开始逐步有了公共部门或者外界投入的村庄建设，这一阶段可以大概可以分为三个阶段：旧中国的村庄建设阶段，新中国成立初期的村庄建设阶段，改革开放以来的农村建设阶段。这三个阶段由于社会经济发展水平和公共部门的支持的不同而呈现出不同的特点。

(一)旧中国的村庄建设历史

我国的传统社会中，一度出现过相对于世界来说"大都小邑，富厚莫加，无一国可与中国相比拟"的盛世；也一度出现过饥肠辘辘、饿殍载道、十室九空的惨寰景象。清末和民国初期，战乱不休，许多村庄也被洗劫一空，农村经济崩溃，社会秩序混乱，村庄建设瘫痪。面临这种情况，一批文人、学士发起乡村建设运动。

1904 年，米鉴三留日回国后，在他的家乡定县瞿城村成立了"爱国宣讲会"，开始在农村灌输知识，并兴办阅报所、图书馆。1905 年开始提倡大力凿井，平整道路，开发农业。平民教育家晏阳初则提出农村"贫、愚、弱、私"的四大问题，在河北定县开展四大方面的农村建设。乡村建设派梁漱溟则在山东邹平县开展乡村建设运动。

在当时，除了这些具体的实践行动外，还有大量文章提出了大量主张，主要有以下几个方面[①]：①发展集镇。这些观点主张集镇是农村中物资交流和金融流通的大本营，工商业是农民离不开的伴侣，茶楼、酒店是农民的交际中心。振兴农村，不可忽视集镇这个环节。②兴办农田水利。改良耕作技术，发展合作事业，活跃农村金融，推进农业生产，以达到土无旷荒、民无游荡、人无不学、事无不举的目标。③平整道路。组织村落之间的交通网，并按户出工，利用农闲，分段铺垫，征工修建。路旁要有出水口，用石修治，求其高下相宜，使水不致冲坏路基。④修建公厕，疏浚井渠，加强卫生管理，普及卫生知识，以改善环境。⑤提倡植树，保护森林。⑥乡镇要加以整理，使其划一。村庄大小应以方便生产为条件。⑦改造农村住宅，要有切实而合理的设计，尽可能利用当地的材料，要适应环境，要求静雅。⑧要保护风景、名胜，尊重民族的传统和历史。

---

①当代中国的乡村建设//方明，刘军．新农村建设政策理论文集．北京：中国建筑工业出版社，2006．

(二)新中国成立后的农村建设

新中国成立后,乡村建设经历了几个阶段:解放后至人民公社化运动前的重建家园期;人民公社化运动期;农业学大寨运动的集体运动期;改革开放后至1986期间控制农村乱占耕地期;1987—1993年期间乡镇企业发展,小城镇建设起步期;1994—2005年小城镇建设逐步规范期。可以预料,随着新农村建设的开展,以工促农力度的加大,农村的建设力度将逐步增大。

1.解放后至人民公社化运动前的重建家园期

解放前,自然灾害、战乱频繁,农民缺失土地这种基本的生产资料,小农经济破产,政府公共管理缺位,相应的社会救助和农民合作自救的能力有限,大量的农民流离失所,农村公共基础设施供给匮乏。解放后,开始在农村开展了一系列村容整治工作:清理粪坑、臭水沟、污水池塘、除四害、修圈舍等。合作化运动开始后,随着农村经济状况的改善,农村集体行动能力增强,农村开始大规模进行基础设施建设,内容涉及到节省用地改善居住条件、建立电影放映等公共活动场所、修缮道路等等。

解放初期有关农村村容的顺口溜

千村万户大变样,卫生大路通全庄,沟沟相通无积水,村旁路边树成行,水井有栏又有盖,公共厕所在村旁,猪羊牛马有圈厩,鸡鸭有笼不散放,走到哪里都干净,人人欢乐心情畅。

2.人民公社化运动期

人民公社化时期开始农村建设的大跃进。1958年春,《中共中央关于在农村建立人民公社问题的决议》号召取消每家每户的厨房,把人集中居住,类似集体宿舍。同时实行"组织军事化"。这种布局形式将很多私人空间强行并入公共空间，尤其是当时办的公共食堂基本上是一个生产队一个，有的还是一个大队一个。

农业部于1958年9月发出了开展人民公社规划的通知，要求各省、市、自治区对公社普遍进行全面规划，规划的内容涉及到平整土地、整修道路、建设新村。建筑工程部也发出了进行公社规划的号召，这些规划在缺乏必要的调查研究和科学依据的前提下，普遍存在指标过高、规模过大的问题，强调"生活集体化"、"组织军事化"、大量迁并较小的村庄，给社员的生产和生活造成很大不便。

人民公社化时期还出现了农业学大寨的建设高潮。1964年，毛泽东同志向全国发出了"农业学大寨"的号召，随之全国各地掀起了"农业学大寨"的高潮。从1964年到1977年的13年中，在全国农村广泛推广大寨大队各方面的经验，包括新村建设的经验。不少地方按照大寨的做法建起了一批新村。但是这种机械推广大寨大队的经验的做法，导致了很多的地方出现了兵营式的"排排房"，使得在这一期间的村镇，建筑大都形式单调，完全不顾各地在气候和地理方面的差别，同时，由于片面强调集体建房，住宅产权归集体所有，限制和挫伤了广大农民群众自力更生改善居住条件的积极性。

大寨建设

大寨，是山西昔阳县大寨人民公社的一个生产大队，有83户人家。1953年，实行农业集体化的第一年，它们就制定了改造自然的规划，决心把全村7条大沟、几十条小沟都闸坝垒堰，做成良田，使穷山沟变成米粮川。从1953年到1963年的10年间，大寨的全体农民艰苦奋斗，修了不少坝、堰。但这些坝、堰多次被洪水冲垮。但是，大寨人民没有气馁，他们依靠自己的辛苦劳动，医治了天灾造成的创伤，修好了层层叠叠的梯田，新修了一排排青砖瓦房、一孔孔青石窑洞，然后又用了三年的时间，依山就势，结合地形，陆续修建了220孔青石窑洞、530间砖瓦房，铺设了水管，装上了电灯。全大队83户都住上了新窑新房，建成了崭新的大寨新村。

(三)改革开放以来的农村建设[①]

1978—2005年,根据工作内容与重点的不同,我国农村建设可以划分为三个发展阶段。

第一个阶段是1978—1986年,主要特点是引导逐步富裕起来的农民有序建房,遏制农民建房乱占耕地的问题,可以简称为农房建设阶段。党的十一届三中全会后,随着农村以家庭联产承包责任制的各项改革的深入,农民收入稳步提高,以农民居住为主的村庄和集镇建设迅猛发展。1979年,全国农民新建房屋面积由1亿米^{2}提高到4亿米^2,随后几年,农民建房建设量始终维持在每年6亿米^{2}以上。大量的建设迅速改变了农民的住房与生产生活条件,同时也带来了一些新问题,其中最突出的问题就是农房建设占用耕地的大幅度增加。1981年4月,国务院发出了《关于制止建房侵占耕地的紧急通知》,同年12月,国务院转发了第二次全国农村房屋建设工作会议纪要,提出了"全面规划、正确引导、依靠群众、自力更生、因地制宜、逐步建设"的方针,明确要求各地用二三年的时间,分期分批把村镇规划搞出来。随后,国务院颁发了《村镇建房用地管理条例》。1982年5月,新组建的城乡建设环境保护部设立了乡村建设管理局,自此村镇规划正式列入了国家经济社会发展计划。

第二阶段是1987—1993年,主要特点是因应乡镇企业异军突起,农村建设的范围扩大,管理逐步规范化,可以简称为村镇建设阶段。随着农村改革的深入和乡镇企业的兴起,农村经济社会迅速发展,村镇规划面临新的形势的发展需求。对此,原城乡建设环境保护部于1987年5月做出了以集镇建设为重点、分期分批调整完善村镇规划的工作部署。到1995年底,全国约78.9%的建制镇、59%的集镇、18.4%的村庄对初步规划进行了修编和调整完善。

①方明,刘军.新农村建设政策理论文集.北京:中国建筑工业出版社,2006:3-23.

第三阶段是1994—2005年，主要特点是农村建设管理走向制度化，因城镇化发展要求，小城镇建设成为重点，可以简称为小城镇建设阶段。这个阶段的标志是1993年建设部在江苏省苏州市召开的全国村镇建设工作会议。根据当时农村经济社会发展的形势，特别是城镇化发展的需要，会议提出了"以小城镇建设为重点，带动村镇建设全面"的工作思路。1996年和2000年在广东省中山市、四川省成都市召开的全国村镇建设工作会议，分别提出了"坚持以小城镇建设为重点带动整个村镇建设的方针，以提高村镇建设总体水平为中心，重点突破，典型引路，稳步推进，为农村两个文明建设创造良好的条件"和"以促进国民经济社会发展为目标，以提高村镇建设的总体水平和效益为中心，因地制宜，突出重点，以点带面，积极稳妥地推进小城镇建设，带动村镇建设全面发展"的农村建设思路。1998年，党的十五届三中全会提出了"小城镇、大战略"的发展要求，更是加强了小城镇的建设力度。

2005年10月，党的十六届五中全会通过的《中共中央关于制定国民经济和社会发展的第十一个五年规划的建议》中明确提出，建设社会主义新农村是我国现代化进程汇总的重大历史任务。这个战略部署必将引领我国农村建设进入一个崭新的阶段。

六、当前我国村庄布局建设的现状以及问题分析

由于我国的村庄建设在很大程度上是处于一种自发的状态，并且发展过程中也和社会环境变化相关，更有甚者还经历了一些人为的影响，因此我国的村庄布局建设出现了许多的问题。这些问题的出现与存在一定程度上影响了我国农村发展的进程，是阻碍农村发展进程的主要因素之一，也是当前我国提出的新农村建设的主要任务之一。认识这些问题有助于我们进一步理解新农村建设的任务，加快新农村建设的步伐。

(一)我国村庄建设的现状

在我国,随着农村经济的发展。农民的生活有了较大的改善,农村建房越来越多、样式越来越新,部分发达地区农民住房水平甚至不输给欧美国家经济比较发达的农村,即使在这样的农村,“室内现代化,室外脏乱差”的现象也非常突出。在经济不发达的农村,脏、乱、差的问题就更大。

脏,主要是污水、垃圾和粪便对农村生活环境的污染非常严重。由于我国农村所处的地域等特点不同,村庄的发展情况也不同,村庄的建设基本上是处于一种自然的发展状态,特别是在一些山区丘陵地带,农户分散居住,缺少规划,尤其是对污水、垃圾和粪便的处理都是以户为主的各自处理的状态,在处理方式上基本上是放任自流。许多农户卫生意识、自我保护意识差,住房周围就是厕所、猪栏、鸡圈,大都相隔不过几米,甚至屋脚相连,还有的干脆把房屋周围,用塑料网统一圈起来养鸡养鸭,人就住在畜群中。由于没有统一建设排污系统,加上按传统方式饲养禽畜,致使生活污水到处流、各种垃圾到处是、人畜粪便到处有的现象在农村现在还普遍存在,特别是随着集约化畜禽养殖的蓬勃发展,这种现象有加重的趋势。还有的农户屋前屋后和院落内到处堆放着稻草、废弃品等各种杂物和垃圾,长期没有整理,这一方面影响了美观,另一方面给人的身体健康造成了极大的危害,尤其在各种流行病蔓延的时候,危害将更大。在那些经济比较发达的地区,往往是乡镇企业也比较发达的地方,有些乡镇企业的发展实际上是一种以低技术含量的粗放经营为特征、以牺牲环境为代价的,村村点火、户户冒烟,不仅造成污染治理困难,还直接导致污染危害。目前,我国乡镇企业废水 COD 和固体废物等主要污染物排放量已占工业污染物排放总量的 50%以上,而且乡镇企业布局不合理,污染物处理率也显著低于工业污染物平均处理率。随着经济的发展,许多地方的生态环境不仅没有美化,反而遭到不同程度的破坏。一些地方为了短期的经济利益,乱砍滥伐、大兴土木建设,向大自然过度掠取;还有很多城市为了自身的美化,千方百计把农村中的千年古树移栽过来,导致许多村庄的古树正在急剧减少;有的工业企业环保不达标,废物、废气、废水等污染物严重影响村庄环境,很多地方天不再蓝、水不再绿,就连鸟兽也少了许多。

乱,主要是居民住宅分布相对比较杂乱。长期以来,农民居住分散化的问题一直没有得到很好解决,几乎所有的村,对农民建房问题没有统一规划,建在什么地方、建多大面积、建成什么样子等,随意性很大。同时大部分地区没能形成中心村,村庄居民点规模普遍偏小,分布上相当分散和零乱。单就某一栋房子来看,比以前漂亮多了,但由于缺乏统一规划,从整体来看显得参差不齐,杂乱无章。甚至有的农民为了追求"风水",想方设法占用农田、耕地等,导致耕地面积逐年下降。而有的地方农民建房没有严格执行政策,多占面积的事情常常发生。还有的农户建新房后没有按政策将旧宅基地归还集体或复垦利用,这既影响了村庄的整体美观,又造成了土地资源的极大浪费。导致这种情况的原因大致有两种:一是由于长期以来小农经济在农村一直占主导地位,这种传统的小农经济是一种分散落后的经营方式,从而要求较小的耕作半径,村庄分布广而规模小,农民传统的分散建设思想很难转变,从而导致村庄难以集中建设发展。二是长期以来村庄建设发展大都是自发的、无序的,缺乏合理适用的村庄布点与发展建设规划,又缺少必要的建设管理,村庄发展建设带有很大的盲目性,加之小农经济思想的严重影响,使得这种盲目的村庄建设具有规模偏小且分散、零乱的特点。在我国,农民习惯于以自然院落形式分散居住,在农村村落以及建房缺乏规划的情况下,各家各户的房屋分布七零八落。我国传统的村落布局,在北方地区大多是集中式,在南方地区大多是分散式,无论是哪种样式的村落,都存在着杂乱无章的现象。特别是在南方的一些分散式村落,一般是一家一个点,一家一条路,相距也比较远,对于基础设施的建设也带来很多的问题。另外,由于没有长远规划,在一些地方有的企业与民房交错在一起,乡镇企业"工业三废"给乡村环境造成了严重的污染,影响了人民身体健康和工农业生产。

差,主要是公共基础设施落后和公共基础设施管理不善。长期以来,村庄建设水平普遍很低,许多村庄的建设实际上只是房屋建设,村内道路是自然形成的土路，路网的系统性与合理性相当差，许多地方村民出行晴天一身灰、雨天一身泥，甚至还有的地方一到雨天就根本无法通行。另外大部分村庄没有排水设施，通讯设施不全，几乎没有照明系统和园林绿地设施等。从村庄内部结构看，大部分村庄功能区划不明，楼房平房混杂，布局杂乱无章，很不合理。从房屋造型上看，各种式样参差不齐，不利于村民生产生活。与城市相比，我国农村的公共设施建设极其落后，在供排水、用电照明、邮电通讯、广播电视、医疗卫生、学校教育、文化娱乐、商业网点等设施的规划和建设方面，与城市有明显的差距。如在卫生方面，由于自然条件限制，不少地方还存在饮水困难、饮水不安全的问题，也有的群众由于卫生意识不够，把厕所、杂房等建在水井的边上或上方，使得水源受到污染。而集中供暖、煤气天然气等设施的规划和建设，在我国农村基本上还是盲区。在有些村庄，上述某些公共设施即使已经建成，但由于管理问题存在，其作用的发挥也存在很大的局限性。

杂乱的村庄道路和房屋建设

村庄的垃圾和污水

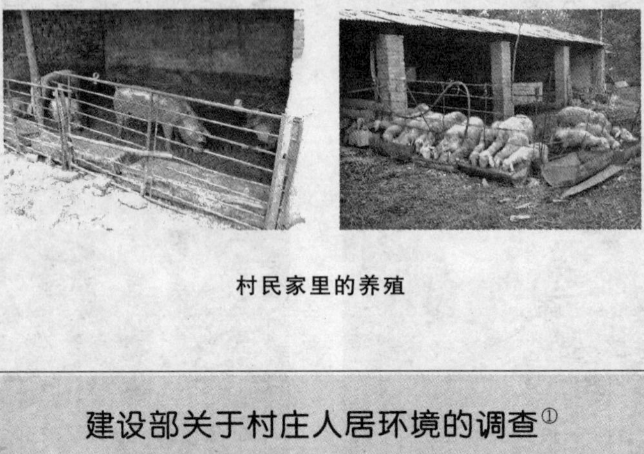

村民家里的养殖

建设部关于村庄人居环境的调查①

建设部村镇建设办公室于2005年5月组织开展了“村庄人居环境调查”课题，对74个村庄进行了入村入户实地调查，共涉及辽宁、浙江、

①叶齐茂.村庄人居环境调查课题报告.中国农业大学人文发展学院，2005.

山东、陕西、云南、河南、湖北、湖南、江西等9省的43个县(市)60个乡镇。被调查的74个村分布广泛，东部地区23个、中部地区34个、西部地区17个，平原村41个、丘陵村27个、山地村6个，具有一定的典型性和代表性。2004年底，以上74个村庄共有约3.6万户、13万人，人均年收入在600元至1.09万元之间，其中大多数为3 000～5 000元。

这次调查主要涉及供水、排水、农民住宅、供电、通讯、环境状况、生产与仓储、交通、防灾、供气与供暖、规划与安全等11类105个项目。该项研究课题通过对74个村庄的实地调查和对近700农户、上千位村民、近百名县乡干部及有关省市建设部门同志的访谈，结合统计数据和其他调研资料的分析，初步揭示了当前我国村庄人居环境的基本状况与存在问题。总的来看，我国村庄人居环境不容乐观，整治、改造与建设任务十分艰巨。

经过近年来的努力，农村电力、道路、通讯、广播电视等区域性基础设施得到了较快发展，村民住房总体质量和人均占有量都有了较大幅度提高，农民的温饱问题已经基本解决，但是，村庄基础设施和公共服务设施的现状水平与城市的差距越拉越大。以这次调查的74个村庄为基数：

1. 给水与排水

- 29％的村庄使用户内或院内压水井；
- 96％的村庄没有排水渠道和污水处理系统，生产生活污水随意排放；
- 41％的村庄没有集中供水管道；
- 户内、院内压水井水质情况不详。

2. 道路交通

- 80％的村庄通了柏油路；
- 60％的村庄的村民可以在一千米距离内坐上公交车；
- 45％的村庄村内有路灯；
- 55％的村庄村内至少有一条硬化道路；

● 46%的村庄可见到路面高于室内地平的现象。

3. 公共卫生

● 100%的村庄都有一家以上卫生室；

● 89%的村庄将垃圾堆放在房前屋后、坑边路旁甚至水源地沿岸、泄洪道、村内外池塘，无人负责垃圾收集和处理；

● 72%的村庄畜禽圈舍与住房混杂；

● 80%的村庄或家庭，生活、生产、仓储混在一起；

● 100%的村庄仍然使用传统旱厕，没有集中化粪池和按《粪便无害化卫生标准》对粪便处理；

● 100%的村庄里没有集体消除蚊蝇、老鼠、蟑螂和病媒昆虫的设备和药物，村集体没有具有针对可能存在病原体的环境、物品、动物、媒介昆虫等采取防疫措施，或对可能受病原体威胁的村民采取防疫措施。

4. 文化、电力、电讯

● 100%的村庄有广播电视信号；

● 35%的村庄至少有一个公共活动场所；

● 19%的村委会配置了电脑或图书室；

● 100%的村庄完成了民用电低压改造；

● 100%的村庄可以使用移动电话，至少拥有一部电话的户数达85%；

● 100%的村有村委会办公室。

5. 安全与能源

● 5%的村庄有消防设施，且远离消防单位；

● 84%的农户户内电线老化或接线不规范；

● 85%的家庭同时使用柴灶、煤炉、液化气。

6. 规划建设

● 20%的村庄有建设规划；

● 65%的村庄可以见到住宅地基间存在人为的高度差。

此外调查还显示：

● 99%的村庄通了公路；

● 53%的村庄因养殖及生活污水随意排放而被严重污染；● 45%的村庄村中没有一条道路硬化；

● 80%的村庄或家庭，生活、生产、仓储混合在一起；

● 84%的家庭户内电线老化或接线不规范；

● 85%的家庭厨房同时使用柴灶、煤炉、液化气；

● 65%的村庄没有建设规划。

(二)问题原因分析

村庄脏、乱、差现象的存在是我国当前农村建设现状的写照。这些问题的出现有许多的原因，这些原因的存在既有村庄自然发展过程中的原因，也是政策和管理方面的原因。具体来说，这些原因不外以下几个方面：缺乏村庄规划、对村庄建设用地的管理疏漏、基础设施投入不足以及盲目引进外来文化。

1. 缺乏村庄规划

村庄规划是一个村庄在发展过程中的战略思想的体现。村庄规划的缺失使得村庄在发展中呈现无序状态，以致使得问题的解决只顾当前，不可能考虑到长远，而这种当时问题的解决又会给接下来的发展造成障碍，长此以往，问题便积聚成堆，陷入困境。村庄规划的缺失也有两个方面的原因。第一，我国农村村庄的建立与自然环境和社会文化背景相关，自然环境以及社会文化的影响决定了村庄最初的布局，这种布局最初是没有规划的，这在以后的发展中就成为一个阻碍的因素。第二，原有的村庄有规划，但是规划的制定对于经济发展速度、建设等缺乏远见性，或者村庄的规划的制定没有充分考虑农户的利益，客观上存在规划，但实际上这种规划也是缺失的，因为它不具有规划的作用，不能起到应有的控制，这也是一种规划的缺失。

2. 对村庄建设用地的管理疏漏

村庄建设主要的一个方面就是土地的利用,村庄建设用地缺乏良好的土地规划与利用使得一些地方的村庄布局显得较零乱,同时也难以集约开展公共事业。改革开放 20 多年来,我国农村经济得到了较大的发展,农民生活水平大幅提高。对逐步富裕起来的大多数农民来说,最大的消费和最大的理想就是建房。在很多地方,建房不仅成为一种需求,更多的是成为了一种身份的象征,正是在这种心理的作用下,出现了更多的建房户,并且在这种建房高潮的背后是对土地的更多的占用。这种"摊大饼"式的建设导致了村庄的进一步扩大,这种对外的扩张一个方面是由于村庄的规划的缺失或者规划缺乏长远性,另一个方面就是村庄建设用地管理的疏漏,1991 年 1 月 4 日国务院发布了《中华人民共和国土地管理法实施条例》规定,农村村民建住宅需要使用土地的,应当先向农业集体经济组织或者村民委员会提出用地申请,经村民代表会或者村民大会讨论通过后,报县人民政府批准。同时按照《村庄和集镇规划建设管理条例》(1993)第十八条规定,县、乡两级政府对占有耕地进行建设的行为有批准的权利。但在实际中,往往集体建设用地的审批没有按照既定程序来进行,而是由集体增加私自批准建设的。村集体对住宅地的控制并没有成效。农民只需向乡镇土地管理部门交足所需税费,便可以建房,耕地占用十分普遍。大面积的外围建房伴随着外出务工人员的增加,也使得"空心村"现象加剧,并且村庄的居住格局也出现了年轻人住外围,而老年人居住在老房子的现象。

与农户占有耕地建房的行为相同的还有小城镇建设。随着国家城市化的发展以及对小城镇建设的重视,各地对于小城镇建设更是如火如荼。但是这种热情往往在很大程度上是对于土地建设的热情,前几年出现的开发区热以及大搞形象工程建设的问题就是这种大建特建的写照。在这种情况下,大量的耕地被占用,出现了称为"失地农民"的农户,这些都是在村镇建设中对土地管理造成疏漏的结果。

《村庄和集镇规划建设管理条例》第十八条

农村村民在村庄、集镇规划区内建住宅的，应当先向村集体经济组织或者村民委员会提出建房申请，经村民会议讨论通过后，按照下列审批程序办理：

（一）需要使用耕地的，经乡级人民政府审核、县级人民政府建设行政主管部门审查同意并出具选址意见书后，方可依照《土地管理法》向县级人民政府土地管理部门申请用地，经县级人民政府批准后，由县级人民政府土地管理部门划拨土地；

（二）使用原有宅基地、村内空闲地和其他土地的，由乡级人民政府根据村庄、集镇规划和土地利用规划批准。

从务工农民盖新房说起

从20世纪90年代中期开始，以农民进城务工经商为主要特征的“民工经济”在一些农业省份兴起，近年来不断发展壮大，成为农民增加收入的重要产业。农民外出务工经商的工资性收入已成为农民收入的主要来源。在中国中西部地区的农村中，那些生活较为富裕，盖了新房、楼房的，大多是外出务工经商的农户。外出务工人员“一年土、二年洋、三年盖新房”已经成为很多地方的真实写照。在这些地方，随处可见各式各样的新房，房屋的样式、布局大不相同，每个盖房的农户都比着已经盖起的加盖，这种现象的存在，再加上村子没有什么规划，使得很多的村子看上去新房很多，但是样式、布局显得非常混乱，楼房、平房，甚至有的还是土坯房夹杂在一起，既影响了美观，也显得极不协调，给人一种非常不舒服的感觉。

3.基础设施投入不足

一个村庄的人居环境的建设除了居民点的建设外,还有公共基础设施的建设。当前农村的村庄建设的问题中一个大问题就是村庄的基础设施建设投入不足,普遍存在行路难、吃水难、通讯难等问题,与开始富裕起来的农民的需求极不适应。中国农村的传统是农民自建房屋,村庄公共设施因陋就简,村路等设施建设一般来源于募集捐助。由于缺少公共积累,村集体没有能力投入;因村庄公共设施服务面小,难以获得较好的经济效益,社会资金不愿投入;与农村发展的需要相比,政府的公共财政投入也显不足。这就使得村庄道路、供水、垃圾、污水处理等设施欠账严重。

中国农村居民的公共设施现状①

至2004年,全国有3.2亿农村人口饮水不安全,占农村总人口的1/3强,饮用氟、砷含量超过国家生活饮用水卫生标准的水的有5 000多万人,有近4 000万人不得不饮用苦咸水,还有9 000多万人饮水经常受季节性干旱影响。"十五"期间,我国新建和改建农村沥青路和水泥路的里程比新中国成立以来翻了一番,但农村交通不便的问题仍未完全解决。目前,全国有近100个乡镇、近4万个建制村不通公路,近1万个乡镇、30多万个建制村不通沥青路和水泥路。目前,农村还有2 000万人口用不上电,部分地区电价过高。清洁能源尚未普及,很多农村家庭还不得不烧秸秆和薪柴。

农村人居环境落后是多种因素长期积累造成的。由于长期受城乡二元社会结构影响,重城轻乡的倾向尚未根本扭转,各级政府履行村庄规划职能不到位,公共财政未能覆盖村庄公共设施的建设与维护。多年来,我

①建设社会主义新农村100问.北京:中国农业大学出版社,2006.

们的公共财政主要面向城市和城镇居民，农村基础设施一度被公共财政忽视，基本上靠农民投工投劳自力更生解决。农村经济发展水平低、自身经济积累不足严重制约了农村基础设施建设。

基础设施投入现状

2000—2003 年，村镇人均公用设施投资分别为 36 元、42 元、68 元和 67 元，而同期城市人均公用设施投资分别为 487 元、658 元、887 元和 1 320 元，差距一直在 13 倍以上。2005 年，建设部组织对农村 11 类 105 项人居环境项目进行了典型调查，共涉及全国 9 省 43 个县的 74 个村，结果显示：41％的村庄没有集中供水，96％的村庄没有排水沟渠和污水处理，40％的村庄雨天出行难，晴天是车拉人，雨天是人拉车，70％的村庄畜禽圈舍与住宅混杂，90％的村庄使用传统的旱厕，90％的垃圾随处丢放，90％的村庄没有任何消防设施。

基础设施的投入不足是导致农村的面貌呈现脏、乱、差的主要原因。在当前的新农村建设中，对于人居环境的建设，必须解决好农村基础设施的资金投入问题，探讨政府帮扶、农民参与、社会支持的投入体制，加快基础设施建设，改善村庄面貌，以达到优美的居住环境。

4. 盲目引进外来文化

村庄布局也受外来文化的影响，从目前农村的建设来看，乡村的小洋楼、小花园、道路、公共活动场所以及家庭装修等无不体现出现代文化的烙印，但是农村盲目引进这些现代文明后却又产生了许多不适应农村生产和生活的问题。

从上一部分的介绍中，我们已经知道了村庄布局建设还受到社会环境（政策、经济、文化）的影响。比如公社化时期的建设以及当前的追求大面积的住房、环境优美等都是由于社会环境因素的原因造成的。也可以说，农村建设当前存在的问题都是人们在社会环境的发展下对于自己生活的追求下出现的问题，也是人类文明发展中遇到的问题。

随着社会经济的发展,农民对外界的交往也多了起来,通过外出打工以及各种媒体的报道对城市文明的了解也越来越多,再加上我国长期的城乡二元制的影响,使得农户对城市文明出现了向往,这种向往给农村建设观念产生了巨大影响,其表现往往就是在房屋的修建等方面单纯地仿效,而没有了解清楚这些舶来品的实际功能是否符合生活和生产的需要。一些村庄的街道建设也以水泥、柏油为建筑材料,而难以与乡村的风景协调;一些村庄绿化也由过去的农户绿化转变为请专人进行景观规划后再绿化,仓促、简单的规划难以体现出乡村文化的传统价值;北方盖的二层楼房在顶层面临取暖困难,南方盖的二层小楼也面临冬冷夏热的局面;农村现代消费品在没有良好垃圾处理能力的情况下急剧增加,而导致农村面临白色污染和各种面源污染。这些都体现了目前的村庄建设在引进外来品的过程中,没有相应的机制和技术来应对这些村庄整治问题。

5. 个体的经济实力较薄弱

农户个体的经济实力薄弱也是农村基础设施建设落后的原因。目前来看,村庄脏、乱、差等问题尤其在经济基础较薄弱的村庄中表现突出。在一些经济实力较差的村庄,一些满足生活基本需求的设施也尚待完善,医疗、教育、卫生和生产设施等都较为缺乏。在一些集体经济实力较强或者政府支持较多的村庄,他们有足够的经济能力来满足村庄基础设施建设和村庄规划等的需要,比如沿海一带的农村由于有强大的集体经济实力做后盾,因此村庄规划较全面和合理,在各个地方的样板村,尤其是城郊结合地带的样板村,也由于城市化的需要以及政府的支持力度,村庄的建设力度相对也较大。从这个角度上讲,新农村的村容建设首先要把人力、物力和财力投入到那些最需要的村庄和集镇——因为有很多贫困人口难以依靠自己的力量来改善基础设施——搭建脱贫致富的平台。

中国农村的贫困人口数量和分布[①]

根据农村居民生活消费价格指数，2005 年农村绝对贫困人口的标准由上年的 668 元调整为 683 元，低收入人口的标准由上年的 924 元调整为 944 元。2005 年末，农村绝对贫困人口的数量为 2 365 万人，贫困发生率为 2.5%。低收入人口数量为 4 067 万人，低收入人口占农村人口的比重为 4.3%。绝对贫困人口与低收入人口合计数量为 6 432 万人，占农村人口的比重为 6.8%。在农村绝对贫困人口中，东部地区为 324 万人，中部地区为 839 万人，西部地区为 1 202 万人，各地区贫困发生率分别为 0.8%、2.5%和 5.2%。在低收入人口中，东部地区为 577 万人，中部地区为 1 372 万人，西部地区为 2 118 万人，占各地区农村人口的比重分别为 1.5%、4.2%和 9.2%。2005 年西部地区农村绝对贫困人口占全国农村绝对贫困人口的比重为 50.8%，比上年增加 0.8 个百分点；西部地区农村低收入人口占全国农村低收入人口的比重为 52.1%，比上年增加 4 个百分点。分省来看，绝对贫困人口与低收入人口数量合计减少较多的分别是四川（减 110 万人）、山西（减 93 万人）、河南（减 89 万人）和河北（减 86 万人），这几个省贫困人口与低收入人口基数大，2005 年人均纯收入增长快，所以贫困人口与低收入人口减少较多。

6. 缺乏组织

缺乏组织也是目前大多数村庄公共设施建设所面临的一大问题。在西北一些地方的公共草场缺乏良好的管理，同时由于还受干旱的影响，草场资源退化严重；在南方一些地方，水利设施常年荒废，缺乏修缮。诸如此类的现象很多，不是政府在这方面做得不够，就是这些村庄和地方难以

①2005 年末全国农村绝对贫困人口达 2 365 万. 中国三农信息网，http://www.sannong.gov.cn/was40/detail? record = 7&channelid = 20894&secondsearch = yes&presearchword = 2005，2006-03-22.

组织起村民来投入人力、物力和财力。由此来看村容整洁不仅需要在投入上加大力度，而且还应该在组织上保证能够动员起广大群众参与建设和维护管理。

本讲小结

在我国农村，村庄起源与发展建设是一个漫长的过程。村庄的布局与自然环境、资源以及社会文化背景相关，村庄的发展也是农耕文明的发展过程。历史上有过许多对村庄建设的论述，特别是新中国建立后，更是加强了对农村的建设。由于我国农耕历史较长并且在近期的农村政策上的偏差，导致了当前我国村庄建设存在很多的问题，这些问题的存在与我国的社会经济发展过程是相关的。当前的新农村建设问题的提出，也正是对这些问题的反思以及解决这些问题的契机。了解村庄发展过程以及目前面临的问题对于我们正在进行的新农村建设会有一个更深的理解，也对于村庄建设会有更加明确的思路。这是我们更好地进行村庄规划和整治的前提。

第二讲

第三讲 村庄规划

“村容整洁”是新农村建设的外在状态。要实现这一目标，改善当前农村的基础设施方面的现状，加强基础设施投资，进行村庄整治是有效的手段。但在进行村庄整治和基础设施建设的过程中，合理科学的规划是村庄整治的前提。或者可以这样说，村庄的“村容整洁”目标的达到需要经历先规划、后整治建设。规划是进行村庄建设和整治的前提，在村庄建设和整治前都应有相应的村庄建设规划和村庄整治规划，没有规划的建设和整治就是没有目标的乱建。

本讲要点

- 什么是规划
- 为什么要规划
- 规划的具体内容
- 规划中应注意的事项

一、概念说明

村庄规划是新农村规划的子部分。新农村建设是一项系统、复杂的工程，新农村规划就是为新农村建设提供的蓝图，因此新农村规划也是一项系统、复杂的工程，它包含生产、生活、基础设施建设、政治建设等多个方面。具体到村庄规划就是其中的一项，结合 1993 年实施的《村庄和集镇规划建设管理条例》第二条[①]的定义，村庄规划在这里主要指的是村庄的建设规划，是为了达到良好的人居环境、达到村容整洁的规划。它是进行村庄建设和村庄整治的前提，因此村庄规划有村庄建设规划和村庄整治规划之分。不管是建设规划还是整治规划，都是为了进行村庄基础设施建设，使之更适应人们的居住，达到村容整洁的新农村建设的目标。

根据我国农村的实际设置，我国的村庄规划分为两种：村庄规划和集镇规划。根据《村庄和集镇规划建设管理条例》第三条的规定，“村庄，是指农村村民居住和从事各种生产的聚居点”；“集镇，是指乡、民族乡人民政府所在地和经县级人民政府确认由集市发展而成的作为农村一定区域经济、文化和生活服务中心的非建制镇。”结合我国当前的新农村建设的实际情况，我们在这里定义的村庄规划主要是指以村庄为单位的 规划。

二、村庄规划的意义

在当前我国的农村建设中存在这样一个怪圈：一方面国家每年投入

①第二条：“制定和实施村庄、集镇规划，在村庄、集镇规划区内进行居民住宅、乡（镇）村企业、乡（镇）村公共设施和公益事业等的建设，必须遵守本条例。但是，国家征用集体所有的土地进行的建设除外。”

都在增加,另一方面农村的安全隐患也在增加,其原因即在于我们没有注意使用乡村规划这个协调发展和统筹兼顾的工具。现在,新农村建设伊始,各地都紧紧结合村庄建设和整治工作的进行而努力增加对农村的投入,特别是对农村基础设施的投入。但要使这些投入发生效力,关键的还是要有一个合理的规划。曾培炎在讲城乡规划时提到,“规划的节约是最大的节约,规划的浪费是最大的浪费。”没有规划的村庄整治,就是瞎整治;不编制规划的建设,就是乱建设。因此,在村庄建设和整治过程中,一定要坚持规划先行。

村庄规划是进行村庄建设或者整治的整体的规划,是村民在结合本村的资源状况以及各种条件,对本村将来的发展做出的战略性的计划,是村庄建设和整治的目标。因此,制定村庄规划具有非常重要的意义。

首先,规划对于村庄建设起着指导作用。规划是对建设的具体的计划,对建设起着非常重要的作用。在村庄建设前要根据村庄的实际情况和发展方向,进行合理的规划。规划的内容将作为在将来实施的村庄建设或整治的依据,任何的建设或整治活动都必须以规划为准。

其次,实施村庄建设规划,可以避免土地的严重浪费。随着农村城市化的不断推进,大批村庄都面临着改建更新,从而造成大量耕地的减少。近年来,我国平均每年减少 750 万亩耕地,建国以来人均耕地面积从 3.88 亩减少到 1.58 亩,甚至很多地方人均耕地面积不足 1 亩。对于一个拥有庞大人口而又缺少耕地的国家来说,这是一个很大的问题。由于缺少村庄建设规划或规划不到位,不少地方建房规模无限制,建了新房还有旧房,有的一家竟有几栋房子。这样,一方面,村中许多房子特别是旧房无人住,出现了大量“空闲房”,形成许多“空心村”;另一方面,建新房又使原来有限的土地进一步减少。

2005年全国村镇人均住宅建筑面积已达26.7米^2

《经济日报》北京6月28日讯　记者谢然浩报道：建设部日前公布的《2005年村镇建设统计公报》显示，2005年全国村镇房屋竣工建筑面积达9.7亿米^2，其中，住宅建筑面积达6.88亿米^2。当年全国共有595.8万户村镇农(居)民新建住宅，占村镇总户数的2.27%。到年底，全国村镇实有房屋建筑面积为309.5亿米^2，其中，住宅257.6亿米^2，占83.2%；公共建筑25.8亿米^2，占8.3%；生产性建筑26.1亿米^2，占8.5%。

《统计公报》显示，随着农村住宅建设速度继续加快，截止到2005年末，全国村镇人均住宅建筑面积已达26.7米^2，比上年增加0.7米^2。其中，建制镇人均住宅建筑面积25.7米^2，比上年增加1.6米^2；集镇人均住宅建筑面积25.5米^2，比上年增加0.6米^2；村庄人均住宅建筑面积26.9米^2，比上年增加0.4米^2。住宅建设质量也有所提高，在2005年村镇新建的住宅中，楼房所占的比例达到了68.8%，比上年提高了1.7个百分点。

另外，分散式村落，一点一户，一户一路，道路用地和院落用地大幅度增加，也造成了严重的土地浪费。在科学规划的指导下，就可以比较好的解决村庄建设对土地的浪费问题。实施村庄建设规划，可以改善农民居住质量。村庄建设无规划，难以建成高质量的居住环境。随着经济的发展和社会的进步，无论是在城市还是在农村，居民的居住环境问题越来越受到人们的重视。随着生活水平的提高，农村居民对居住环境的通风、采光、绿化、美化等方面的要求会越来越高，而这都需要通过统一的规划建设才能办到。

再次，实施村庄建设规划，可以减轻农民的负担。村庄建设缺少科学规划，村庄的公共设施建设，如道路、给排水设施、供电设施、广播电视设施、电话通讯设施、计算机网络设施等，会因住宅位置不合适而造成投资浪费。村庄建设缺少长远规划，还容易造成已建项目不合适需要拆除改建等情况，从而造成已建项目投资的浪费。

三、村庄规划的原则

村庄规划工作要因地制宜，分类指导。要尊重农村建设的客观规律，以满足农民的实际需要为前提，以解决群众的实际需求为根本，坚决防止盲目照抄照搬城镇规划建设模式。在规划中应体现“与城市错位进行整治、进行建设”的特点，体现农村的特色。要充分利用现有条件和设施，凡是能用的和经改造后能用的都不要盲目拆除，不搞不切实际的大拆大建，坚决防止以行政命令和简单粗暴的方式强行推进。坚持以改善农村最迫切需要的生产生活条件为中心，完善各类基础设施和公共服务设施，突出地方特色，体现农村风貌。为了实施我国农村的村庄建设规划，村庄改建和新建工程必须按照“统一规划，统一设计，统一建设，统一配套，统一管理”的原则进行。同时也应该注意以下几点：

(1)全面、科学。只有科学规划才能有序建设，才能确保建设后不会是一个凌乱不堪、为人们所厌恶的景象。所谓规划科学就是指整个村庄规范有序，住房等建筑物布局合理，错落有致。要按照有利生产、方便生活、节约用地、适度集中的原则，因地制宜推进农村集中定点建房。建房地点、房屋朝向、占地面积、层次等要统一规划，户型结构设计要科学合理，这既可以节约基础设施建设费用，又可以达到美观整洁的效果。同时，对厕所、猪圈、杂房的建设要有严格的管理，积极推进规模养殖，统一规划养殖场地。

(2)城乡统筹。村庄规划是城市文明涌向农村的桥梁，是城市支持农村、工业反哺农业的蓝图。特别是在一些城乡结合部的农村，在规划的过程中一定要结合城镇化建设，以城镇化建设为根本，来进行新农村的村庄规划。

(3)因地制宜，注意有针对性地解决所规划村庄的大部分实际问题。村庄规划建设应本着因地制宜、量力而行的原则，要充分了解当地的实际情况，如村民的经济实力、经济来源，有无拆旧房建新房的愿望和能力。一是要避免大拆大建，不顾村民的经济状况，强人所难，这样对村民的生活非常不利，村庄规划也难以实施；二是避免不管实际情况如何，地形地貌、生产生活方式等情况的不同，片面强调千篇一律，千村一面，没有地方特色；三是要避免修修补补、没有远见的短期行为，但涉及古村落、古建筑与纪念性建筑的，应遵循修旧如旧的原则。

中国农业大学叶齐茂教授谈村庄整治规划

叶齐茂教授认为，在设计规划时，我们一定要把握“因地制宜”的原则，敏锐地察觉出某一特定村和村庄生态系统所及区域的细枝末节，去追踪考察现有或将要实施的设计对环境的影响。只有这样，才能最终设计出一个合法、合理和贯彻可持续发展原则的村庄规划。在村庄规划的指导下，消除那些涉及村民安全的各类隐患，保护农村居民点的生态环境和人文环境。而对于现在农村中出现不止一处的推倒重建、千村一面的城市型新村“规划”，叶齐茂不无忧虑：“那将不是一场‘建设’，而是对中华文明的‘摧毁’。我们要建设的一定是有中国特色的农村，而不是简单的‘盖洋楼’，追求规划形式上的整齐划一。”

叶齐茂表示，对农村的“反哺”不是新一轮的“摊大饼”，不是“城市延伸”，不是单纯的“给予”。我们需要利用各政府部门的政策和“反哺”资金来正确引导农村建设，把各部门的资金纳入“反哺金库”，把各部门的政策纳入区域城市规划，加以统筹，这是搞好农村基础建设的核心。

(4)要结合农村实际情况，突出农村特色，保护整体景观。特别是在村庄和住宅的规划设计上，充分考虑地方特色和自然地理环境，注意保护文化遗产，尊重风土人情，重视生态环境，立足当前利益并兼顾长远利益，量力而行。

(5)要节约用地。村庄建设规划要以既方便农民的生产生活，又有利于节约土地为基本要求。在村庄模式的选择方面，应当选择农舍集中方案，改变传统的散居村落模式。在村庄布局的安排方面，应划分生活区、生产区等，并将生活区和生产区分开。生活区应规划好各种社区服务设施，生产区安排好各种乡村企业。在住宅样式的设计方面，在条件允许的地方，应当尽可能改变原有的单门独户的住宅样式，尝试建造多层集体住宅，提高住宅容积率和减少土地空置率。在住宅建造的组织方面，要改变传统的一家一户各自建房的方式，尽量实行统一的社会化的综合开发和新型建房方式。

(6)体现生态优先。生态是三农的命脉，不仅关系到当代人，还关系到下一代人。生态环境的优先原则是关乎一个地方适合人居的最重要的，这一点在规划中一定要坚持，保护好环境，就是保护我们的生命健康。建设有田园风光较好的果园、风景优美的池塘等有经济与发展价值的环境小区，这样既有利生产与生活，又丰富了村庄景观，也使得村庄具有和城市不同的美。

(7)要群众参与。规划编制必须充分尊重村民的意见，倡导和鼓励农民自治。农户是新农村建设的主体，对于自己生活的地方，他们最有感情，并且在规划后也是他们在居住生活，每个村子的农户都应该有改变自己现在生活条件的想法，但是由于种种原因，他们没有能够实现这个愿望，但是没有实现不代表他们没有想法，因此，他们对即将建设的新家园的意见和想法是规划的重点。在规划的编制过程中，一定要改变原来的那种以专家和外来人员为意志的规划方式，充分让农民参与，让他们描绘自己的家园。规划小组的成员中应该有一定数量的农户参与，只有这样，规划的新农村才能让他们满意。

(8)要简单明了，让农民看得懂。这一点也是非常重要的。一个好的规划一定要让它的受益人看得懂。有一些地方的规划，加入了过多的现代元素，并且各种图纸做得非常精美，这种规划往往使很多农民一看头就大了，他们甚至怀疑这是他们村子吗？并对规划产生怀疑。在这种情况下，规划本身修饰作用就应该少用，应该与农户的认知相对等。

在这里还需要指出的还有两点：一是不管是村庄建设规划还是整治规划，一旦规划编制后，就要严格按规划执行，坚决杜绝随意更改、盲目建设的现象。要严格实行行政首长负责制，把村庄建设作为乡镇目标管理考核的重要内容，确保农村各项建设按照规划不走样。二是当前的不少村庄整治规划，对旧村的整治和改造少，而新建住房用地多，在规划图上新房子布置了不少，其实村庄新增人口不多，所以在规划中要加强对旧村整治与改造，对一般的旧村整治改造与新增土地可以设定个比例，如

90%～95%的为旧村整治改造（有代表性的古村落和有地方特色保护的村庄除外），5%～10%为增地新建，这个新增土地是旧村整治改造的启动区，新增地上住房，后把旧区村民逐步迁出，再对旧村逐步轮换进行整治和改造。至于两者之间的比例多少合适，还要根据村庄实际情况而定，但新增用地要严格控制，以便充分挖掘其村庄内部潜力。值得注意的是有些规划在用地平衡表上总量没有增加，但在规划图上却有不少新建住宅，似乎是挖潜得来，而实际上是把现状图上的用地范围划大了，这种不诚心的做法，不应再出现。

1993 年实施的《村庄和集镇规划建设管理条例》

第三条　本条例所称村庄，是指农村村民居住和从事各种生产的聚居点。本条例所称集镇，是指乡、民族乡人民政府所在地和经县级人民政府确认由集市发展而成的作为农村一定区域经济、文化和生活服务中心的非建制镇。本条例所称村庄、集镇规划区，是指村庄、集镇建成区和因村庄、集镇建设及发展需要实行规划控制的区域。

第九条　村庄、集镇规划的编制，应当遵循下列原则：

（一）根据国民经济和社会发展计划，结合当地经济发展的现状和要求，以及自然环境、资源条件和历史情况等，统筹兼顾，综合部署村庄和集镇的各项建设；

（二）处理好近期建设与远景发展、改造与新建的关系，使村庄、集镇的性质和建设的规模、速度和标准，同经济发展和农民生活水平相适应；

（三）合理用地，节约用地，各项建设应当相对集中，充分利用原有建设用地，新建、扩建工程及住宅应当尽量不占用耕地和林地；

（四）有利生产，方便生活，合理安排住宅、乡（镇）村企业、乡（镇）村公共设施和公益事业等的建设布局，促进农村各项事业协调发展，并适当留有发展余地；

（五）保护和改善生态环境，防治污染和其他公害，加强绿化和村容镇貌、环境卫生建设。

四、村庄规划的内容

(一)土地利用规划

村庄建设规划首先就是对村庄土地利用的规划，因此在村庄规划的开始就对村庄土地进行规划。土地利用规划是对一定区域未来土地利用超前性的计划和安排，是依据区域社会经济发展和土地的自然历史特性在时空上进行土地资源合理分配和土地利用协调组织的综合措施。

新农村建设最直接的效果就体现在村庄建设上。村庄建设首先要开展村庄土地利用规划设计。只有开展和实施科学的土地利用规划，才能够保护土地资源，合理利用土地，发展农业生产，同时合理布局新村建设。村庄土地利用规划的基础是要对现有的村庄以及农村居民点进行土地调查，掌握村庄的土地利用现状、土地权属状况以及社会、自然、经济等土地条件，然后对村庄选址、用地规模、土地功能、土地利用强度、土地生态和文化保护等规划设计，使村庄建设科学而有序。

土地利用规划中最主要的组成部分是村庄建设用地规划，但同时农村建设用地构成相对简单，主要以生活居住为主，所以只要将生活居住用地布局合理，就能充分反映出新农村规划的新气象。在建设用地规划中要考虑基础设施用地的布局特点，结合农村经济发展的新特点来进行。比如随着农业机械的普及，传统的农业生产用地，如打谷场等大多因为脱粒机的应用而不复存在，畜禽养殖场等生产用地需要单独在村庄居住用地外布局，个别农产品粗加工企业，如果没有任何污染和影响，可以与村庄协调布局，但需要单独成片。因此新农村建设用地主要包括居住建筑用地、公共设施用地、道路交通用地、绿化用地和部分生产用地。只有在确定了这几类土地的面积的基础上才能对村庄的居民点和公共基础设施等进行规划。

(二)居住用地规划

居住建筑用地选址,应有利生产,方便生活,具有适宜的卫生条件和建设条件。一般选择在工程地质条件良好,地基承载力较高,有良好水源供给,无洪水威胁和不良地质灾害的地区。现在大部分村庄是在长期历史演进中稳定形成的,大都具有科学合理性,对于那些条件较差、位置偏僻、环境恶劣的村庄,可考虑条件适宜时进行搬迁。村庄的住宅宜成街坊式,宅院组合宜采用一条巷路服务两侧住户的组合型式,集中布局,避免居住用地占用基本农田。空心村现象特别严重的地区,要合理规划空心村。

居住地规划要本着节约土地的目标,充分挖掘现有村庄的潜力,充分利用闲置宅基地和空闲地,在旧房的宅基地上重建新房,节约利用土地。村民住宅要布置在村庄公共设施的外围,以利于村庄会议的举行和集体活动的举办,居住用地的规划与设计要保证村民到公共活动中心的距离大体相当。

住宅类型设计要尊重农村的生活习惯,住宅安排坐北朝南,并要考虑到现阶段粮食等物品的储存和畜禽的养殖占地。有条件的地方,可以建造楼房,但楼房的设计样式既要体现农村的民俗和自然特色,也要符合农村的生产特点,避免出现"扛着锄头坐电梯"的现象。建筑样式可由相关主管和专业部门帮助农民规划设计好形式多样的小康楼图纸、卫生厕所图纸、沼气池建设规范及自来水管道设计等,让农民自主选择。住宅单体设计要使每户都有南向的卧室和储藏室,并要形成人畜分离的格局,建设现代化农村的卫生间和洗澡间,规划上下水道。

(三)基础设施规划

基础设施建设是新农村建设和发展的支撑条件,在搞好群众住宅规划的同时,从方便群众生产生活的目的出发,社会主义新农村要合理布设输水管网、输电线路、道路交通、生活生产通道、牲畜圈、厕所、沼气池等。

要建设好“一条通道”，使进村道路柏油化，同时对村镇道路等级进行调整。还要布置好“五大管线”，包括电力线、电话线、有线电视线、自来水管、雨水管，使新农村建设规划设施配套、功能齐全。

(四)公共设施规划

实现城乡协调发展、经济社会协调发展是全面建设小康社会的重要内容。因此新农村规划要科学完善农村公共服务设施。

1. 教育设施

适应农村义务教育管理新体制，每个村庄应至少规划设立一所幼儿园，中心村设立一所完全小学。其他村庄根据情况，可以几个村庄联合设立一座小学。

2. 医疗卫生设施

结合新型农村合作医疗制度，加强卫生基础设施建设，乡镇设立卫生所或者卫生院，每个村庄至少设立一个卫生站，负责村民的一般疾病治疗和日常保健，并由专业医师承担。

3. 文化娱乐设施

首先要加大对农村文化的投资力度，建立村民社区服务中心，设立图书阅览室，用现代、积极、健康、实用的书籍、报纸杂志充实村民的文化生活；其次要建立村民文化节，定期放电影、举办文化活动。

4. 商业服务设施

与县城和小城镇基本成型的商业设施相配套，积极兴建村庄小型便利商业服务店，形成大型配送服务中心、乡镇连锁超市、村庄便利点相结合的商业服务体系，保障广大农民就近享受便利商业服务。

5. 消防设施

现阶段我国广大农村居民生活的燃料结构主要是以农作物秸秆、柴、草等为主，相当数量地区农民的建筑为木质及草等易燃物质组成，农村火灾问题突出，因此应把消除村庄消防路障作为村庄规划整治的重要内容，在改善村庄供水系统时，要建立村庄消火栓或消防井。在村庄的主要出入口处及主要道路间隔 120 米处设置消火栓。按照消防站责任区 10 千米^2/个的标准，小城镇和县城要从整体上规划配置消防站。

(五)环境卫生规划

首先要加强垃圾粪便无害化处理，提高污水处理能力。社会主义新农村规划要把农民建设公厕、建设垃圾处理设施和污水处理设施作为今后基础设施建设的重点，以着力改善群众生活环境。其次要加强农村能源供给，积极推广沼气。再次要加强农村绿化建设。结合农田林网改造，在村庄外围增加经济林与防护林的建设面积。村庄内部要与外围大环境化结合成为有机网络，大力发展农村街道绿化、农户庭院绿化，提高村村绿化面积。在公共活动中心建设农村小公园，作为村民集中活动、休憩娱乐的场所。

天津年内计划投入 7 亿元
再建 307 个文明生态村[①]

天津市财政文明生态村建设专项资金由每年 3 500 万元增加到每年 8 000 万元。在去年首批创建 205 个文明生态村基础上，年内计划投入 7 亿元资金再创建 307 个文明生态村。到 2010 年，全市共建成 2 200 个文明生态村。

①新华网，http://news.xinhuanet.com/politics/2006-07/07/content_4805492.htm.

天津市自去年下半年启动实施文明生态村创建工程以来，全市农村文明生态村建设工作已掀起高潮。市财政启动了有史以来最大规模的支持村庄建设的专项投入计划，用于补助创建文明生态村的10类重点建设项目。根据市、区县、乡镇、村和农民群众共同投入的原则，今年全市计划在文明生态村方面的建设总投入高达7亿元，建设267个标准型文明生态村和40个示范型文明生态村。今年，文明生态村建设工程将主要完成道路硬化500千米，建设燃气设施26座、沼气池1 400口，安装路灯2 400盏，安装太阳能热水器33 000台，建设垃圾池3 200个、处理场300个，添置垃圾清运车600辆，每个村建成一个高标准的文化体育活动场所等。

今后五年，天津市将以文明生态创建工程为切入点，加强村庄内道路、给排水、路灯、垃圾处理、新能源设施等方面的建设，村内主干街道和里巷硬化到户，主干街道两侧建排水沟或铺设地下排水设施，村庄绿化覆盖率达到35%以上，自来水管网入户率达到100%，生活用水达到卫生标准，使用清洁可再生能源的农户普及率达到90%以上。

（六）挖掘自然、历史、文化内涵，培育不同特色类型社会主义新农村

新农村规划要根据不同村庄各方面特点，发挥各自的资源优势，因地制宜地发展诸如高效农业型、农产品加工型、观光旅游型、集贸型等具有鲜明个性特色的村庄。在村庄布局上，要根据当地风俗环境，使建筑和空间布局别具一格，既有浓郁的乡土气息，又有崭新的时代特征，形成协调又丰富多彩的村庄面貌。

重庆各具特色的新农村规划及建设①

老君山村道路像省道

昨日上午，记者来到100个示范村之一的×北区张关镇的老君山村。这里距离×北两路镇1个小时的车程。想象当中农村应该是泥泞小道。但这里的道路却像“省道”一样，全部是水泥硬化的路面并且相当宽敞。走进老君山村，居民的住房外面全部贴着漂亮的瓷砖，厕所干净，厨房做饭用的是清洁能源——沼气。×北区区委有关负责人介绍，对老君山、水溶洞2个示范村，×北区已经为农民装修了2万米^{2}的房屋，绿化了2万米^{2}的环境。

村民居住在花草中

昨日下午，在交流会现场，×龙坡区农林水利局李局长描述了另外一种新农村模样：居住的环境就像花园。李称，×龙坡区目前开展了7个示范村的规划，聘请的规划单位都是重量级单位。对新农村的新模样，他们提出了一个新概念：村园互动。九龙坡其中以白市驿为主是国家级花卉苗木基地，村园互动，就是苗木基地和居民居住的环境融为一体，居民完全居住在花草当中。

八角村像城市小区

×平县有2个示范村。示范村之一的八角村完全就像一个城市小区：漂亮的房屋、休憩的花园亭台、商业一条街，交通也是四通八达；民居充分体现了传统风格和巴渝风貌，吸收了重庆湖广会馆、梁平的双桂堂、孟浩然故居等众多建筑的特点。建成后，八角村将是×平的后花园。

①农村网，http://www.nocn.com.cn/info/8598-1.htm，2006-05-24.

五、村庄规划中应该注意的问题

1. 因地制宜，区别不同地域和不同特点的村庄，合理规划

村庄是农民生产生活的聚居地。村庄规划的合理与否，直接影响着人们的生存和发展。我国是一个地域广阔的国家，各地的自然状况和社会环境千差万别，农村尤其如此。因自然条件不同，不同类型的村庄在规划时要有不同的考虑。如，在确定人均用地指标上，既要符合国家、省的有关规定，又要兼顾村庄现状，因地制宜合理布局，突出村庄个性与特色。山区村庄与平原、水乡村庄在用地条件、村庄布局、建筑形式等方面均不尽相同，因此在规划时要考虑其不同的特点。山区村庄因为山地、坡地较多、自然地貌不宜于建设等特点而自然形成的居住分散的格局，可以考虑人均用地多一些，而不应按照平原的情况来进行规划和建设。要多从合理用地考虑，除保持原有格局外，多利用山地坡地，创造和丰富景观特色，这样既考虑了自然和社会特点，同时还可以利用其自然风光，呈现其特色。村庄防灾规划要从多方面考虑，除在防洪标准上有所不同外，还要兼顾地质灾害的防治，如加强水土保持、修砌挡土墙、防治山体滑坡等。有些村庄还应考虑周围山林防火的需要。

2. 合理计算人口增长与用地规模

村庄规划中人口规模与用地规模密切相关，因此在用地规划中应考虑到未来人口的变化趋势。多数村庄规划的人口预测比较简单，一般利用自然增长率乘以规划年份，得出规划期末的人口数字。从目前已有的规划来看，很多地方的人口规划都是增长的，究其原因是因为如果人口减少意味着用地要调减，因而在人口计算上只考虑其自然增长，没有基于现实情况进行调整。如有些村庄近几年由于部分村民长期外出务工经商，户口也迁了出去，预计这种态势在部分村庄还将会持续下去，但这种变化在规划中却没有反映。更有一些区位条件好的村庄（城乡结合部等），吸

引了不少外来务工者，然而在计算人口时也没有考虑到。因此，村庄人口预测应该把近几年的人口变化作些分析，再根据经济社会发展要求，来预测未来的人口变化。

3.村庄的规划布局问题

村庄规划作为村庄建设和整治的蓝图，展现了村庄未来的发展方向，因此在村庄规划中一定要注意结合当前利益，作长远规划，不应只做眼底功夫，以免造成规划的不可持续性。在村庄规划布局上要注意以下问题：①工副业新建工厂不能在村中心开花，要根据气象、水文等自然条件以及用地状况合理选定，既要方便村民生产，又要对村庄发展和环境保护有利。对处在村中心污染严重的工厂，要限期治理，减少污染，并积极创造条件，迁出位于中心处的工厂。②对规模小、离中心村又有一定距离的自然村，可以考虑拆并，这样不仅可以减少对道路、给排水等基础设施的投资，而且还能形成村庄规模，合理设置公共设施，方便居民生活。对零星布置的建筑要作适当调整，该集中的还是要集中。③要加强旧村改造，改善村庄环境面貌。对那些房屋破烂、路巷不通，既没有保留价值，又存在消防隐患的建筑密集区，可以一次规划，分期实施，先拆除部分危旧房子，打通消防通道。④村庄规划布局还要重视对自然环境的利用，加强对河道或溪流的整治和山坡植被的保护，借以提高村庄的生态环境质量。村中的河溪、池、塘等水面规划应尽量予以保留，发挥其排水、防洪等多种功能。

4.村庄的道路交通问题

由于我国农村基础设施投入的不足以及农村经济的薄弱，农村过去的道路主要以行人为主，路面狭窄，有的又以石板、卵石路铺设，并且街道弯曲、宽窄不一。随着农村经济和生活水平的提高，众多农村家庭拥有了农用车、拖拉机等农用机械，其道路宽度、路面质量就应随之变化。要做到一次规划，分步实施，但不能太超前。①要考虑村庄内部道路的宽度。不少村庄分为主路、辅路、宅间路三级，主路宽度为 7 米、6 米、5 米，辅路宽度为 5 米、4 米、3 米，宅间路宽度为 3 米、2.5 米、2 米。其中，辅路、宅间路基本适应,可以合理选用。而主路的宽度则要根据村庄规模和发展情况而定,要考虑外出的畅通。②村庄规划中对原有道路要充分利用,如水乡村庄的一些沿河石板路,可以作为人行步道或自行车道给予保留;对一些仍起着水上交通功能的河埠、村民日常洗涤的水埠头能保留的尽量修缮保留,以体现水乡特色和保护村民的传统生活方式。山区村庄就地取材的卵石路、石板路,因其浓郁的地方特色应尽量保留使用。

六、加强村庄规划的建议

村庄规划是进行下一步的村庄建设和村庄整治的前提,因此,在新农村建设伊始,一定要认识规划的重要性,加强村庄规划的编制工作。为了保证村庄建设规划的顺利实施,在具体实施村庄建设规划的过程中,还要采取积极措施,做好以下工作:

(一)提高对规划建设社会主义新农村的认识

社会主义中国有 9 亿农民,党中央、国务院一直把“三农”工作作为工作的重中之重,把统筹城乡发展与构建和谐社会放在重要的战略高度,可以说没有中国农民的现代化就没有中国的现代化。实施农村建设规划,无论是从当前还是从长远来看,都是符合农民切身利益的。但是许多人由于受着传统的思想观念和生活习惯的影响,对农村的规划和建设,容易产生某些怀疑和抵触。有的人则认为,村庄的兴起与发展是一个自然的过程,不需要政府的调控,也有的认为,抓村庄规划建设费力费神,短期出不了成效,费力不讨好,没有认识到村庄规划建设的重要性。因此有必要对广大农民尤其是对农村基层干部进行广泛深入的宣传教育,特别是要注意宣传典型,使农民真正了解到村庄建设规划能够给他们带来的好处,看到未来美好的新农村面貌,从而调动他们参与农村村庄规划和建设积极性。

（二）抓紧编制村庄建设规划，对村庄建设进行正确引导

我国村容现状存在的问题的原因就是因为大部分村庄建设缺乏规划指导，即使个别村庄有规划，但是由于规划缺乏科学性、合理性和可行性，也不能适应农村经济的发展和人民群众生活的改善的要求，在当前的新农村建设初期，各地应该抓紧编制村庄规划，以适应社会主义新农村建设的需要，科学合理的指导村镇建设。

建设部新设村镇建设办公室：引导农民相对集中建设住房①

2004 年建设部独立设置了村镇建设办公室，强化了村镇规划建设管理工作的综合协调职能。山东、湖北、江苏、浙江、海南和重庆等地小城镇建设试点工作取得成效，1 887 个国家重点镇建设稳步前进。建设部部长汪光焘年前表示，2005 年工作要以中心村建设为重点，组织搞好村庄道路、供水等设施建设，加强村庄环境整治；要结合移民、牧民定居，搞好农（牧）民村庄居住点的建设，引导农民相对集中建设住房，同时加强对农民建房的技术指导和服务。关于建设部门 2005 年的重点工作，汪光焘强调，要进一步加强村镇建设，指导全国重点镇分期分批调整完善规划，有计划地推进一般建制镇、集镇编制和调整规划。建设部将会同有关部门制定支持重点镇发展的有关政策，与省级建设主管部门共同总结现有示范镇的经验，引导小城镇健康发展。

①中国领导决策信息系统会员网，http：//www. ccgov. org. cn/cidms/2005/httpwww. microsoft. comchinatechnetsecuritybul letinmshttpsearch. ccw. com. cnsearch2 theme theme Fmore. aspThemeID%3D313804-dec. mspx/jchyw/htm/zzhcy2005/xiancy002-1. htm，2005-01-06.

[相关链接] 2005 年江西省村镇建设将狠抓规划编制

针对全省村镇建设规划编制滞后、规划执行不力的薄弱环节,2004年12月中旬,江西省建设厅提出了2005年抓好村镇规划编制与实施的新目标和新举措。具体内容是:在2005年全省200个重点镇必须100%完成新一轮总体规划的修编;一般小城镇要有80%完成总体规划修编;各重点镇、示范镇的详细规划的覆盖率力争达到50%;村镇规划的编制率提高到30%以上。继续开展规划、设计、科技三下乡和为农村修路、建房、改水、改厕、改善人居环境五服务活动。高度重视建筑设计和景观设计,使之不求其大,但求其精;不求其洋,但求其特。大力推广村镇小康住宅通用图集,提高村镇建设科技含量,使全省的村镇规划有新的突破,房屋设计有新的品位,城镇建设上新的档次。确保村镇规划能按要求编制,各项建设能按规划实施。

[信息观察员] 目前,村镇建设规划编制滞后、规划执行不力的问题还普遍存在,尤其是一些地方忽视农民建房规划,不仅浪费土地资源,也影响到城乡建设协调发展。就目前而言,各地要借已经启动的"十一五"规划,认真研究村镇建设的编制规划工作,把村镇建设纳入长远发展规划之中。一方面,农村建设工作还要继续开展规划、设计、科技三下乡和为农村修路、建房、改水、改厕、改善人居环境五服务活动。另一方面,还要大力推广村镇小康住宅通用图集,提高村镇建设科技含量,使村镇规划有新的突破,房屋设计有新的品位,城镇建设上新的档次。特别是要协调生产、生活和生态的关系,通过城镇规划,对村镇发展的大环境进行限定,确定哪些地方可以发展工业,如何提高生产率;哪些地方不能发展工业,必须为城乡后续发展留有足够的空间;哪些是绝对不能开发的土地,绿色空间至少需要多大等。

(三)加大对村庄规划建设的管理力度

建立统一的农村建设规划管理体系,制定和组织实施村庄建设规划。

在当前进行的新农村建设过程中，各地对于村庄规划的编制采取了各种形式，纷纷成立了“新农村建设办公室”，设立的层次不一，有的在县一级，有的在乡镇一级，负责本地的新农村建设。并且各地规划的编制也不一样，也是出现了“八仙过海，各显其能”的状况，纷纷邀请专家学者来进行新农村规划的编制工作。《村庄和集镇规划建设管理条例》第八条规定：“村庄、集镇规划由乡级人民政府负责组织编制，并监督实施。”“县级人民政府组织编制的县域规划，应当包括村庄，集镇建设体系规划。”第十四条规定：“村庄、集镇总体规划和集镇建设规划，须经乡级人民代表大会审查同意，由乡级人民政府报县级人民政府批准”。“村庄建设规划，须经村民会议讨论同意，由乡级人民政府报县级人民政府批准”。农村规划建设管理体系可由县乡政府、村委会和村民代表以及其他有关部门和单位人员参加。各村的建设规划应由村、乡两级共同制定。对于所制定的规划要实行跨级审批制度，即村庄建设规划应由县一级机构审批，以提高规划的合理性和权威性。村庄建设规划在制定时要经村民代表会议讨论，批准后要向村民公布，使村民能了解和掌握规划精神。鼓励水、电、电讯、公交公司等单位组成村庄建设开发公司到农村投资。

要按照编制村庄建设规划和建设社会主义新农村的要求，严格村庄建设的规划管理程序，大力整治无规划和违反规划乱建设的行为。严格村庄建筑市场管理，取缔无证设计，无证施工队伍，强化建筑材料的检测，强化建筑质量与安全管理，保证村庄建设质量，以提高村民的生活质量。

（四）加大对村庄规划建设的扶持力度

制定和实行积极的政策措施，对村庄建设规划的实施予以支持和扶助。政府应加大对村庄规划建设的投入，拿出一部分经费用于村庄规划编制与管理工作，切实保护村庄规划建设管理机构的正常运转。在有条件的地方，政府可设立农村建设规划专项资金，用于解决规划设计费用支出以及村庄的水、电和基本道路的建设费用支出。对于零星村的迁移和旧村庄的改建，要考虑农民的经济能力和经济损失，给迁移的村民一定的

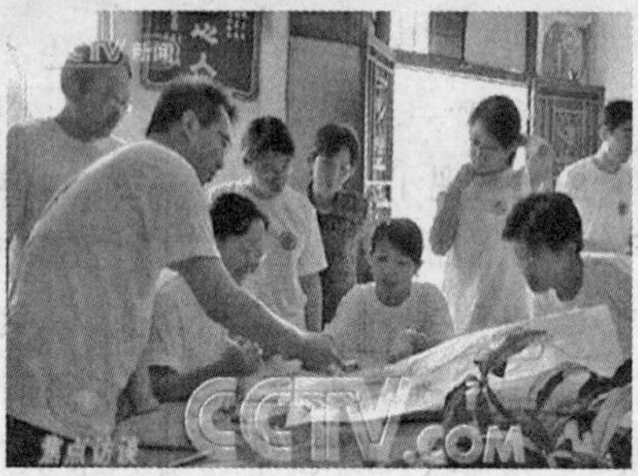

CCTV.com 消息（焦点访谈）：陕西省丹凤县是西安建筑科技大学的社会实践基地。从今年年初起，这所大学一批建筑、土木、管理等专业的博士生、硕士生前往当地开展文化科技卫生“三下乡”活动，帮助老百姓做社会经济发展规划。他们的到来既改变了百姓生活，也使他们自己在实践活动中得到了改变。①

经济补偿。从统筹城乡和谐发展的角度考虑，城市有关职能部门要从各自的职能出发，齐抓共建，密切配合，形成合力，积极主动的为村庄规划提供服务，尤其是乡镇人民政府及其职能部门更应为村庄规划建设创造良好、宽松的环境，把村庄规划作为工作重点来抓，否则，全面建设小康社会和建设社会主义新农村只能是一句空话。

制定相应的农村规划法律法规，为农村建设规划提供法制保障。要特别注意用地和建房规划法规的制定，加大对违法用地案件和违法建房案件的查处力度，充分发挥土管、建设、司法等职能部门的作用，对不按规定私自建房者予以限制与处罚。要制定适合农村的实际情况的房地产管理法，使农村住宅市场走向规范化、合法化。要强化土地有偿使用费征收力度。要把村庄规划建设成绩作为考核农村干部的一项重要内容。

---

①央视国际，http://www.cctv.com/china/20060901/103372.shtml.

(五)按照法律程序以及农村特点进行规划

村庄规划应该按照法律程序,符合农村实际,让农民感觉实惠,切忌不顾实际情况,加重农民和村集体负担的规划建设行为。中央财经领导小组办公室副主任陈锡文在国务院新闻办举行的新闻发布会上就已经表示[①],有些地方提出建设农村的小社区,把一些村合并到一起,涉及农民要搬家、老房子要拆掉建新房,这种现象在各地差别很大的情况下不能一概而论、推而广之。这些做法应当考虑到,有没有这样的经济条件,农民会不会因此受到财产方面的损失,或者加重负担,或者让村集体负债更多?如果确实有经济条件则另当别论,如果没有经济条件,可能就是强迫命令了。陈锡文说:“即使有经济条件,也要考虑到法律赋予农民的权利。农民的宅基地是依照法律规定审批给他长期使用的,往往农民就在他的宅基地附近还有承包地,如果都并起来,有些地方可能要收去给别人使用,这涉及到一系列的法律问题。”“我看到一些地方建了十几层或者二十几层的高楼,农民坐电梯上下楼,拿着镰刀、锄头,很不方便。另外农民可能还有一些秸秆等要堆放,有的还要养家禽、家畜。”陈锡文说,农民的居住条件要体现农业特色、农村特色,要方便农民生产生活。所以新农村建设一定要让农民得到实惠,如果新房建完了很漂亮却不方便,农民不会满意。

本讲小结

村庄规划是进行村庄建设和整治的前提。在当前的新农村建设中,必须坚持规划先行,这不仅是新农村建设顺利进行的保证,也是其他国家在“建设农村”中的经验。中国农业大学人文与发展学院教授叶齐茂认为,建设“社会主义新农村”是中国的,“建设农村”则不仅仅是中国的,

①陈锡文.农民不满意拿着镰刀锄头上电梯新房.新华网,http://finance.sina.com.cn/review/20060222/20212364492.shtml.

欧盟成员国也在推进农村建设。欧盟的经验是:发展农村必须规划先行,并且规划方式是自下而上由地方社区主导的;农业发展旨在提高竞争性,用土地管理带动环境保护,用多种经营提高农民收入;统一管理农村建设公共资金。因此,在新农村建设伊始,利用参与式方法,充分尊重农民的意愿,编制好村庄规划是当前新农村建设的一项重大任务。

附1　参与式村庄规划①

在前面的叙述中我们已经知道,农民是新农村建设的主体,当前的新农村建设的规划过程需要农户的参与,改变原有的自上而下的村庄规划过程为自下而上的过程。如何在规划中实现有效的农户参与,是目前正在进行新农村规划编制中的首要问题。参与式规划正是可以达到这一要求的方法。

(一)参与式村庄规划的含义

参与式规划方法在20世纪70年代逐步兴起,经过许多国际组织在农村发展建设中的长期实践,已形成了较系统、较有成效的理论和工具。在规划原则上,主张以目标群体的需求为核心,多方参与,取长补短,避免出现以片面的、号称"科学"的"专家思想"和"长官意志"主导规划。这种方式可以保证满足对象的需求,同时也能建立长效的规划方案。

参与式村庄规划则是在村庄规划中应用参与式规划的过程。它主张以村庄中的居民为主体,在规划的过程中要有当地各种类型的村民参与,与他们一起讨论规划和实施方案,并且最终由他们决定选择相关的方案,体现他们的需求。在整个规划过程中,除了完成规划内容外,通过参与式规划方法,还可以使村民学到相应的规划知识,提升能力,同时还可以建立适合当地情况的组织和管理方式。

①参考:叶敬忠,刘燕丽,王伊欢.参与式发展规划.北京:社会科学文献出版社.2005.

(二)参与式村庄规划的提出背景

1. 传统村庄规划存在的问题[①]

传统村庄规划是由决策者确定规划目标，规划师根据规划目标进行调研，针对问题制定规划对策，由决策者进行决策后进行规划公示、实施。这种规划模式中规划决策权属于决策者，例如政府部门或经济集团，由决策者指令规划师做“命题作文”，规划师等技术人员往往受制于决策者，在一些规划中民众利益得不到有效保障。传统村庄规划模式下，一些规划违背了客观规律，导致规划决策的失误，给村庄发展造成了巨大的损失。有些规划超越集体和农民的经济承受能力，造成实施困难，编制的规划也只是“纸上画画、墙上挂挂”，有的甚至连墙也没挂就束之高阁，规划的执行和控制也不够严格，至今村庄建设仍然处于混乱状态。一些城市近郊村“开发冲动”，急功近利，盲目引入开发项目，如大建开发区、房地产项目等，造成环境恶化、土地闲置等现象。一些规划的决策违背群众意愿，如滥用耕地、违法拆迁、侵占农民利益，甚至造成群体上访、聚众闹事、武力对抗等严重后果，严重损害了农民的利益。

2. 新农村规划强调农民为主体

(1)新农村建设是在“三农”问题日趋严重的背景下提出来的，“三农”问题的核心是农民，因此解决“三农”问题是新农村建设的立足点。新农村建设的主体是农民，只有充分调动农民的积极性、主动性和创造性，才能真正地建设好新农村。因此，新农村建设中的规划服务对象应该是农民，新农村建设是以农民为本，规划应该满足农民需要。

(2)科学发展观的核心是以人为本。现在我们强调“以人为本”，如何瞄准规划服务对象——农民——的需求，这也是如何“以人为本”的一个核心问题。传统的规划多是专门的规划机构来规划，由专家负责规划，在

①吕斌，杜姗姗，黄小兵. 公众参与架构下的新农村规划决策. 城市发展研究，2006(3).

规划过程中从上至下地规划,专家的意志和规划单位的意志居于主导地位,这种规划直接导致了忽视真正需要服务对象的需求的现象的产生。比如西北某些地方修的卫生厕所,虽然好看,但是使用率相当低。这是项目直接投资的,专家直接规划,在实际规划中,没有考虑到当地村民需求什么样的厕所,厕所按照城市的厕所修起来,但当地缺水,没法冲粪便,另外空气不流通,臭味大,这就不符合当地村民的真正需要。将资金投入任何一个项目都有机会成本,但如果能够瞄准农民真正的需求,才可以用这部分钱把事情办得更漂亮,让村民更加满意,使资金的使用效率更高。

(3)规划中如果不让服务对象参加,没有让服务对象表达需求的渠道,就难以瞄准服务对象的需求。新农村建设的具体规划实施中,如果不让农村居民参加,没有他们表达需求的渠道,也势必会出现规划的项目偏离农村村民的需求。对于一个区域,可能存在多种不同的社会文化背景,村有百户、家有三口、穷人、富人、男女老少等等,形形色色的人需求能一样吗?中国农业大学人文发展学院曾经在青海做过一个社区规划,确定一个社区的主要活动后,让参加会议的 60 多位村民选择活动的优先顺利,结果很有趣,村干部把修缮村里的主干道放在第一位,并且动员自己的妻子也选择修主干道,而最后得票最高的活动是修缮与生产相关的田间小路。这至少反映一个问题,不同的人有不同的想法。由此可见,新农村建设中,我们的专家、我们的规划单位能够独自规划并且把握住社区村民的真正需求么?"没有调查就没有发言权",这个答案是显而易见的。

因此,在具体实施新农村建设的规划过程中,必须要有村民的充分参与,建立有效合理的机制使他们的需求真正体现在规划中,只有这样才能使我们的规划更准确地瞄准农村社区村民的需求。

3. 农民是村庄规划产品的消费者

传统的规划是以政府执行为主,是自上而下地贯彻执行,在执行过程中,村民远离管理、实施项目之外,这不利于村民了解项目以及表达他们的需求,从而易使规划流于形式,规划效果大打折扣,从而出现了只能挂在墙上的规划。村庄规划中即使存在公众参与,也只是被动的、初级阶段的参与,仅停留在有限知情权和监督实施的较低层次上,存在较多问题。

新农村建设是关系到农村未来发展的一项重大工程，农民就是这项工程的消费者。如果新农村规划中没有农户的参与，那么作为消费者的农户就不可能表达自己的需求，从而造成产品不能满足消费者需要的情况，那么这样造成的后果不仅是村庄的损失，还是农户作为发展机会的损失，可谓损失惨重。

根据建设部《关于村庄整治工作的指导意见》，村庄整治工作的目的是改善农民生产生活环境，农民是新农村建设的主体，应组织动员和支持引导农民自主投工投劳，改善农村最基本的生产生活条件和人居环境。一切从农村实际出发，尊重农民意愿对项目的选择，充分调动农民自力更生建设家园的积极性，激发农民自主、自强、勤勉、互助、奉献精神，让农民得到实际利益。因此，以村庄整治为目的的村庄规划应在重新解读"社会主义新农村"的基础上重新定位，其规划目标、规划原则、技术路线、规划过程应该有别于传统的村庄规划，应该通过"自下而上"广泛征收吸取村民意见的公众参与，了解村庄存在的问题，寻找农民最急迫解决的问题作为规划目标，再"自上而下"地建立针对问题的规划建设对策，对不同参与主体的利益进行综合、协调和相对的制约，形成参与主体的个体利益和新农村建设的整体利益和谐发展的利益共生平台，这样才能够调动起各方面的积极性，保证村庄整治规划的顺利实施。

(三)参与式村庄规划的原则

参与式村庄规划是在村庄规划的过程中应用参与式规划的方法，因此，参与式村庄规划的原则和参与式规划的原则基本上是一致的。

1. 以村庄为基础

村庄是参与式规划的基本单元，参与式规划是村庄人口界定并分析其发展问题，根据村庄的资源潜力，确定村庄发展目标并形成发展战略，实施发展活动，通过不断的监测和评估而继续村庄发展再规划的过程。需要说明的是，虽然参与式村庄规划强调的是由村内人口广泛地、最大限度地参与村庄建设的内源发展过程，但这并不排除村庄以外可以为村庄规划提供的信息、技术以及资本等方面的帮助。同时，在确定村庄规划战略时，也应充分考虑市场、信息等方面的外部连接机制。但村庄规划强调的是必须满足村庄内人口而不是外来人口的需求和期望，因此，规划的产出应该是真正的村庄农户的“农民工程”，而不应该是非本村农户的“形象工程”。

2. 参与和自下而上

参与式村庄规划强调参与性和自下而上的规划过程。虽然村庄内的每一个个体所拥有的资源状况不同，所处的地位也不同，但是每一个人在村庄规划中的参与权都是一样的。每一个个体都有表达自己意愿的权利。参与是重要的基本手段之一。参与式规划正是这种每一个个体的参与，来表达自己的愿望和兴趣，以达到村庄规划最大满足农户自己的需要。

村民参与绘制村庄现状图

3. 以问题为导向

参与式规划是以问题为导向（即发展规划本身就是解决发展问题）的过程。村庄规划过程中，要界定并分析目前村庄发展中最核心的问题以及与这些问题所关联的问题。并对这些问题进行详细、深入的分析，并且提出村庄发展方向，对将要进行的规划项目进行讨论，达成一致。

（四）新农村参与式村庄规划工作的基本步骤

参与式村庄规划工作的基本程序是：

村庄规划问题讨论与诊断→讨论确定优先解决的问题→制定/公示村庄规划工作计划→村庄规划工作组织与实施→村庄规划工作的后续管理安排

1. 诊断问题

（1）村级基本情况的收集与整理：村级基本情况主要包括村的自然地理状况、经济发展程度、人口、资源、基础设施、社会状况，包括教育、卫生、村级组织等不同方面的内容。村级基本情况的收集可以作为规划的基本素材。基本数据的获取可采用参与式快速评估方法，如半结构访谈、关键人物访谈、实地考察等广泛应用的参与式工具。收集到的数据将通过整理和编制，形成参与式村庄规划的基础档案。

（2）问题确定：首先通过村喇叭、村干部等对村民进行动员，宣传社会主义新农村建设参与式村庄规划的目的、意义和内容、方式、方法，让群众对此有所了解。

通过召开群众代表大会、村民个体访谈、基层干部访谈、基层干部研讨会等方式讨论村庄哪些问题的解决需要此方法，并通过打分排序、问题树等方法确定村庄规划的问题。第一步请村民代表将需要规划的问题罗列出来，然后通过打分排序分析确定主次问题，然后将这些问题分为主干问题以及由此产生的结果，然后再分析产生问题的原因。第二步将问题的因果关系以问题树的形式归纳出来。问题树是关于问题因果关系的逻辑框架，为了弄清深层的原因和适宜采取的措施需要把问题原因分析到最底层，然后把村庄规划中的问题的各种原因加以分类，从而形成可能解决问题的领域。

(3)参与式村庄规划工作计划的确认：找出村庄规划中需要解决的问题的原因后，讨论如何解决问题。根据问题树的分析将直接影响村庄规划的原因的第一层要素经过整理即可形成村庄规划计划的主要领域。在明确了领域后，还应继续将各领域内的内容进行规划综合，方法是将问题树中最底层的原因归纳总结出来，形成参与式村庄规划工作计划的内容。

(4)村庄规划计划的优、劣势和可行性分析：经过归纳总结后，在当地技术人员的帮助下将农民提出的这些方案做进一步的筛选与分析。主要方法是由各村民小组代表，男、女各占一半，在村委会的组织下召开有乡技术人员参加的研讨会，分析工具可采用 SWOT 分析。这部分包括三个内容，计划罗列、SWOT 分析和可行性分析。这三个内容具有同样的目的：探讨每个村庄规划方案计划的可行性。要达到这个目的，必须把几方面的信息结合起来：一是村民的乡土知识；二是村民们已经形成的对于外界信息的看法；三是规划小组的外来人所带来的相关信息。规划所要的信息是所有村民对这些结果的反映，而不是这些结果。

SWOT 分析是帮助农民和技术人员根据村里的资源、能力、资金、技术等方面的实际情况对村庄规划工作计划的具体方案进行详细分析，确定最佳方案，上报有关部门。

聚精会神参与讨论

(5)村庄规划工作计划实施：村规划实施小组是村庄规划工作计划的实施管理机构。按照合理、协调、稳定、实效的原则，由村委会代表、村民代表组成，应具有广泛的代表性和权威性，内部职责要明确。

村规划实施小组的职责是：在县、乡规划实施管理机构的领导下，广泛动员和组织群众参与规划实施管理；编制年度和阶段性项目实施计划，组织项目实施；制定详细的工作程序和工作进度，有效、合理地组织人力、物力、财力；组织对村民的培训；负责到村到户的资金管理；负责村级规划中小型项目的物资、工程和服务的采购；负责报账材料的编制、上报，广泛征求各方面对规划实施管理的意见和建议并及时加以改进；对规划实施的全过程进行全方位的监测评价，及时搜索、提供基础资料和监测数据，确保规划项目按时、按质、按量完成，确保规划目标的实现；建立健全保障村级经济可持续发展的规章制度和具体措施。

(6)村庄规划工作计划的管理：计划管理按照“统一评估，统一论证，一次批准，分年实施，分期投入”的规划原则，计划管理包括年度实施计划和具体项目的实施计划。首先由村规划实施小组按照总体规划和分年实施的原则，根据具体项目的轻重缓急、群众意愿，编制上报年度实施计划和项目计划，经乡级实施管理机构审核汇总后报县级规划实施管理机构。年度实施计划和项目计划应包括项目实施进度计划、项目投资计划、项目资金筹措计划、采购计划、技术援助和培训计划等。村规划实施小组是基本的计划执行机构和项目负责单位，应严格按照省(区)下达的计划组织项目实施。

(7)实施管理：在规划项目计划下达后，由村规划小组按照规划要求和批准的项目计划，组织项目的施工、经营、验收和运行维护。实施管理的工作程序是：

选定项目实施单位：根据各分项目的规模大小，技术上的难易程度，项目实施的单位可以是农户、农户组成的生产小组、自然村、村规划实施小组或采取招标的方式选择项目实施单位。

落实项目实施计划：按照规划内容，确定项目实施的地点，受益的农户范围，制定具体的实施方案。

规划实施管理过程,同时也是财务管理、采购管理、技术管理、验收管理、监测管理以及各方参与的过程,是整个规划能否取得成功的重要环节。

(8)后续管理:在规划项目完成后,由村规划小组组织有关人员或项目施工验收小组,按照规划目标和项目设计,对项目的工期、质量、效益进行全面考核。在实地考察的基础上,收集资料、整理资料、分析研究、编写竣工验收报告。竣工验收报告包括以下内容:①项目名称,项目在整个规划中的地位和作用,项目建设的必要性和设计的科学性评估;②项目实施过程回顾及其评价,实施过程中的主要经验教训等;③项目资金的使用情况;④项目质量评价;⑤对今后项目管理的建议。项目建成并交付使用后,村委会、村规划实施小组应及时制定建成项目的管理办法,加强维护管理,充分发挥应有的效益。

附 2 北京市某村的村庄规划(部分)

第三章 ××村土地利用规划

区域土地利用规划的目的,是确保区域内社会经济发展中对土地的需求,保障区域人口的生存与发展所需的生产与生活条件,实现对本区域内土地的可持续利用。

一、××角村土地资源利用现状

全村土地总面积 4 833 亩,其中农村居民点用地 774 亩,独立工矿用地 1 216.2 亩,耕地果蔬设施农用地 1 900 亩,河流水面 186.3 亩,畜禽饲养 29.4 亩,农村道路 57.1 亩,养殖水面及水利 25.8 亩,基本农田 464.2 亩。××角村的土地利用特点之一是农用地的比例高,村里的设施农业一直是本村村民的主要经济来源。这也是×××镇新时期农业发展的主要产业区。特点之二是建设用地的比重较大,××角村的建设用地共有 2 047.6 亩,占土地总面积的 42.4%,其中独立工矿用地是本村发展的重点。目前,已有十余家企业在生产建设中。

二、土地利用分区规划

在新农村建设过程中,结合当地的实际情况,当前××角村发展的两大方向:一个是在现有的基础上做大、做强设施农业,发展都市型观光采摘农业。二是依托创业园区的建设,转移农村劳动力,促进城镇化。

根据××角村的发展优势,结合×××镇“十一五”规划的目标和×××镇土地利用总体规划,××角村土地利用分为农业高科技园区、创业园区、宜居商住开发区、村民居住新区、粮食种植区等五个区域

1. 农业高科技园区。该区位于村庄的东部、南部和西部,占地2 040亩,依托现有的设施农业,在增加农民收入的同时发展观光、采摘和旅游农业。

2. 创业园区。该区位于村庄西北部,与城区相连,占地973亩。发展高新技术企业和劳动密集型企业。

3. 宜居商住开发区。该区位于洵河北岸占地230亩。

4. 新居住社区。该区位于村庄西部,靠近西鹿角村,占地273亩,规划为村民新居社区用房。通过对现有774亩的居住区进行逐步土地置换改造,预计置换占地673亩,改造后可节省土地101亩。引导村民到新村民居住区居住。

5. 粮食种植区(设施农业备用区)。该区位于村庄东南,占地543亩。该区目前为粮食种植区,随着农业产业的发展,逐步改造为设施农业区。

第五章 公共基础服务设施及环境规划

农村公共基础服务设施的建设和发展一直滞后于城镇,其配套设施缺乏统一的规划与建设,商业服务、体育文化、教育娱乐等设施严重缺乏,卫生环境亟待改善。××角村作为一个经济发展水平较高的村,其公共基础设施的建设已经初具规模,但距离社会主义新农村建设的要求和农民不断增长的对公共品的需求,还有较大的提升空间。规划农村的公共基础服务设施建设我们遵循经济合理与适度超前相结合的原则,充分考虑未来基础设施与城市的接轨互动;其次,我们遵循旧区改造与新区建设

相结合原则,对老区基础设施改造应遵循适用原则,根据农民的需求,解决亟待解决的问题,但标准不宜过高。而新区的基础设施建设和布置应遵循统一、完整、系统的原则,尽可能高标准一次到位,增强其对农民和外来人口的吸引力。新的居住区的公共基础设施建设应符合×××区新城总体规划提出"环境优美、亲水宜居、功能完善、配套齐全"的发展功能定位的要求。在基础设施的规划和建设过程中,充分体现当地特色,做到借鉴与创新相结合,避免千篇一律,千村一面。

根据参与式访谈得到的信息,村民对村庄的道路建设与给水设施给予肯定,认为急需解决的问题是村庄的排水设施、垃圾清理与转运、公共设施配套等方面。由于村庄生活垃圾、农业生产废弃物等缺乏必要的处理手段与场地,污染了农村的生态环境,对村庄的居住环境与卫生安全带来一定的隐患。因此,我们规划建设的目标首先是通过硬件建设建立垃圾消纳和污水处理设施,进一步改善卫生环境;形成保证公共、基础设施的良性运转和管理机制。

据此,我们提出以下规划内容,为专业工程技术人员完成技术层面的工作提供思路。

一、道路规划

(一)乡村道路现状

××角村现有道路总长度 18 893 米,道路硬化率较高,需要翻修硬化的主要街道有 6 条,待硬化的胡同有 3 条。(参见表 1、表 2)

表 1 主要街道硬化情况

街道硬化指标	总量	已完成	待翻修硬化
街道数量(条)	49	43	6
总长度(米)	8 723	7 653	1 070
总面积($米^2$)	48 970	40 810	8 160
总投资(万元)	509.5	408.1	101.4

表 2　街坊路(胡同)硬化情况

胡同硬化指标	总量	已完成	待完成
胡同数量(条)	33	30	3
总长度(米)	10 170	7 970	2 200
总面积(米^2)	28 285	21 385	6 900
总投资(万元)	142	107.5	34.5

在绿化方面,××角村的街道绿化主要集中在大街、农场街等 6 条主要干道,现已投入 6.5 万元完成绿化面积 1 300 米^2(表 3)。但绿化指标与硬化指标相比还有较大差距,任务较为繁重,未来需要绿化的街区面积为 9 550 米^2,需要投资 47.75 万元。

表 3　主要街道绿化情况

街　名	已绿化				需绿化				
	长(米)	宽(米)	面积(米^2)	投资(万元)	长(米)	宽(米)	面积(米^2)	单位面积投资(元/米^2)	总投资(万元)
北大街	50	4	200	1.0	350	2	700	50	3.50
一队市场街	100	3	300	1.5	250	7	1 750	50	8.75
农场街					200	6	1 200	50	6.00
南大街	50	4	200	1.0	400	2	800	50	4.00
横中路	200	2	400	2.0	1 300	3	3 900	50	19.50
纵大街	100	2	200	1.0	600	2	1 200	50	6.00
合计	500		1 300	6.5	3 100		9 550		47.75

××角村的道路建设主要是根据农业园区建设的需要和新民居工程的建设,道路需要重新整理和规划。

(二)道路规划及建设内容

按照×××区新农村建设"硬化、绿化、净化、亮化、美化"的要求,尽快将××角村未硬化和绿化的街道及街坊路实施"五化"改造,2007 年上半年使村容村貌有一个质的整体的提升。

对于未来××角村新的居住社区,其新建道路应遵循基础设施共享和与创业园区技术设施衔接原则。

现居住区的具体硬化、绿化包括以下内容：

硬化街道有 6 条，长 1 070 米，总面积 8 160 米^2，需投资 101.4 万元；胡同路 3 条，长 2 200 米，6 900 米^2，需投资 34.5 万元。

需要绿化的街区面积为 9 550 米^2，需要投资 47.75 万元。

道路亮化方面，修建 220 盏路灯，投资 24 万元。

以上建设项目的完成，使××角村形成完善的道路、绿化和照明系统，村容村貌得以改观，做到道路硬化 100%，村内主干道路照明覆盖 100%，绿化率达到 30%以上。

二、乡村给水规划

（一）××角村给水现状

××角村目前拥有自备井一口，深 130 米，实现全村全天候自来水供应，自来水管网系统也初具规模，基本可满足居民的用水需求，给水系统的运营主要靠村集体补贴，居民只需支付电费即可，每吨 0.3 元，无需交纳水资源费。目前给水系统存在的主要问题在于管网老化，跑冒滴漏现象突出，造成资源浪费和系统运行成本过高。另外，自备井供水由于缺乏必要的卫生及消毒设施，水质容易出现波动，尤其当在农业生产中发生难以控制的水源污染时，会给整个给水系统造成很大冲击。

（二）××角村改水方案

兴建“一区四村”集中供水工程后，××角村可以直接从水厂取水。××角村需改造供水管道共计 35 643 米，其中主管道 7 173 米，支管道 4 073 米，入户管道 28 470 米，共需投资 163 万元。（表 5）

表 5　给水系统及预期改造情况

项目	已用年限（年）	需改造情况				
		井深（米）	长度（米）	直径（寸）	单价（元/米）	投资额（万元）
饮水井	20	130				
主管道	28		3 100	4	1 100 元/根	66
支管道	28		4 073	2	20	82
入户管道	28		28 470	1	6	15
合计			35 643			163

水源地的要求及卫生防护：不使用工业废水和生活污水灌溉；不施用持久性或剧毒性农药；不修建渗水坑以及排污水沟渠，以免影响地下水的质量。

三、村级排水工程规划

（一）××角村排水现状

××角村的排水基础设施较为落后，目前仅有污水管道500米，其余的排水方式均为落后的污水明沟或边沟。需要改造的污水明沟长达5 250米。不仅如此，现存的污水排放系统未纳入市政污水网，村内生活污水最终排放进入村内的河、坑内，造成二次污染，也影响环境的美观。排水基础设施落后是目前制约××角村环境卫生的一个重要瓶颈，也是水污染治理的重要内容。

在×××区城市污水处理设施已经建成运转的前提下，应尽快考虑改造现有排水设施，将村级排水及污水处理与×××区的现有相关城市基础设施联网，实现资源共享，体现以城带乡。此项工程约需投资105万元，应积极申请上级资金支持，同时发挥村集体和村民个人投入的积极性，积极稳妥地进行。工程预计完成时间为2007—2008年。

表6 下水处理情况

项目	现有下水长度（米）	需改造情况	
		管道式直径（厘米）	投资额（万元）
污水管道	500		
污水明沟	1 350		
没有管道及明沟	5 250	30～60	105

（二）排水及污水处理规划内容

1. 建设雨污分流制排水系统。乡村排水体制一般有合流制、分流制和截流制，合流制工程简单，造价低，但沟道易淤积，不便于水处理；分流制有利于废水处理，卫生条件好，但造价高；截流制是在合流制的基础上增加雨水截流构筑物，在雨量较大时可以减轻污水处理厂的压力。

考虑到未来村庄的主体将由现有的居住区向新建社区迁移，因此现有居住区污水排放方式可以考虑采用成本造价低的雨、污混排式。而新的居住社区排水体制,结合城市发展需要,实行雨污分流制。均布置在人行道下,雨水口30米设置一个。

2.污水处理系统。乡村排水按所排水的性质分为雨水、生活污水和生产废水。通常雨水等可以不进行处理,直接排入水体。生活污水含有大量的有机质和细菌,必须经过适当处理后才可排放。生产废水主要来自企业、副业和畜禽饲养场等地。××角村的污水处理须纳入城镇污水处理系统,在这种情况下,村不用考虑污水处理的事务,但需要规划好排污系统。

四、改厕及生活垃圾处理

在环境方面,积极探索农村环境长效管理机制。××角村厕所改造和生活垃圾处理是环境建设的重要方面,任务比较艰巨(表7)。

表7　改厕及垃圾处理情况

事　项	现有	需要改造/配备	投资额(万元)
厕所	985	715	57.2
公厕	0	2	30.0
垃圾收集设施(垃圾桶)	0	985	1.0
垃圾中转站	0	2	24.0
清洁三轮车	0	10	0.4

(一)改厕

1.有715个厕所需要改造。厕所是体现农村文明程度的一个重要标志,××角村目前改厕完成270户,改造方式为三格水冲式,改造比例为27%。改厕费用为800元/个,其中区负担220元,镇负担50元,独生子女户、军烈属、解放前老党员再补贴100元,村民自负其余部分。推动改厕工作在2008年前顺利完成。

2.建高标准公共厕所2座。在村中人流量大的地带规划建设市二级标准化公共厕所2座,修建完成时间为2007年底。

(二)垃圾处理

××角村多年来已经实现了垃圾的集中收取和清运,除创业园区外,村中现有 14 人的环卫队伍，专门负责街面保洁和垃圾清运。年垃圾清运费用在 15 万元左右，费用目前由村集体承担。垃圾在村集中后，拉至指定地点填埋。

对于垃圾的收集和处理，建 2 座垃圾中转站，对村内生活垃圾实行“三统一”，即统一收集和清扫、统一清运、统一销纳。每家每户设垃圾箱，每 100 户配一名卫生员，村级道路每 3 千米配一名路政员。另外，积极探索农村生活垃圾分类搜集的有效途径。此项规划内容预计完成时间为 2007 年上半年完成。

五、乡村能源、电力、通讯规划

（一）能源、电力、通讯使用情况

全村使用液化气户数 650 户，燃煤户 1 151 户。虽然本村沼气池的绝对数量较大，但由于距离生活区较远，在生活中利用沼气的仅有 40 户。村中生活能源消费的主要类型为燃煤和液化气。另外，作为补充性的生活能源，村中太阳能热水器的使用率较高。村中开通有线电视的农户 677 户，拥有固定电话的户数为 823 户。另外本村家庭拥有电脑的比例较高，但由于没有开通宽带网络，村民只能通过电话拨号上网。

（二）具体规划内容

1. 提高清洁能源使用率。尊重农民意愿，加快文明生态村建设。从清洁能源做起，增加对使用清洁能源户的补贴，增强农民使用沼气、太阳能的积极性。结合都市农业发展和村庄第三产业规划，积极利用新能源。

2. 本村电力设施完备，电力供应充足，年电力消费达 1 053 万度。其中生活用电 443 万度，生产用电 610 万度。

3. 开通无线上网服务，提高本村的信息化水平。为推动本村的信息化建设，增强农民的信息观念和掌握现代信息技术，拟在××角村开通无线上网服务，由村集体出资购入无线上网设备，方便本村居民上网。无线上网的技术已日趋成熟，且一次性投入较有线宽带小，因此是推动本村信息化建设的重要方式。此项工作拟在 2006 年底前完成。

六、村容整洁及村内景观规划

（一）规划原则

随着社会经济的进步，人民对居住环境的要求日益提高，良好的生态环境是规划的重要方面。村容整治的重点是结合道路硬化、亮化、绿化；

排水管网建设;改厕及垃圾收集清运等,进一步加强村容整治和环境治理的力度,建设宜居型、生态型新型农村社区。增加社区内各类绿地的面积,除街道绿化外,还包括庭院绿化、公共场所绿化及公共绿地建设等内容。在村内景观方面,××角村虽然几面环水,但目前沿河环境尚不如意,从长远看,××角村辖区内的河流是村庄拥有的一笔财富,它增加了村庄景观的多样性,为建设生态宜居的社会主义新农村社区提供了可供发挥的题材。

规划强调设计结合自然,因地制宜、因势利导,尽量保护原有的地貌特点;注重人与自然环境的和谐共生,兼顾生态与景观建设,形成较为完整的公共绿地系统,实现环境效益与经济效益的共同提升。

(二)规划内容

1.配合区、镇级规划,加速河流整治。治理后的洵河河道宽 150 米,两边各 30 米的绿化带;待河道整治后,做景观规划。

2.根据功能区特点设计景观标志。

3.新民居区绿化分为三类:

公共绿地:步行绿化走廊、商业中心绿化广场、街头绿地等。

居住绿地:宅间绿地、庭院绿化。

社区花园和街心公园建设。

2006—2007 年要加快建设××角村委会后边的社区花园和街心公园,使之成为村民休闲、娱乐的重要场所和村内重要的绿化景观(表 8)。

表 8　公共绿地建设情况

项　目	已建面积(米^2)	待建面积(米^2)
后花园绿地	640	26 000
街心公园绿地	658	8 000

第三讲

第四讲　村庄建设

社会主义新农村建设虽然引起了理论界和决策部门的广泛重视，但是，对社会主义新农村建设的概念及其内涵尚缺乏统一界定，对于具体的新农村建设的措施和路径也没有统一的格式可寻。也正是在这种情况下，各地纷纷开展的新农村建设也是各不相同，所树立的新农村建设的典型也各异，当然由于我国各地的自然社会条件等的不同，新农村建设的模式也不可能统一，但是当前出现的一些地方把新农村建设当成了村庄建设或新村建设，出现了许多问题。因此本讲主要就新农村村庄建设进行讨论。

本讲要点

- 村庄建设和新农村建设的概念区分
- 新农村村庄建设的任务
- 新农村村庄建设的原则
- 新农村村庄建设相关的两个问题

一、概念含义

村庄建设主要是指在农村土地上进行的修建房屋以及其他基础、公共设施的行为，村庄建设强调一个从无到有的过程，是一个具体的行为在村庄的体现。

具体到当前的新农村建设来说，村庄建设是新农村建设的一部分，是其中的物质文明建设部分，是新设施、新环境的部分，新农村建设中对于农村基础、公共设施等的硬件设施的建设部分。

在我国，村(镇)建设有许多类型，大致可归纳为：

(1)原有村镇的改造，或称旧村改造。这是当前村镇建设和村镇规划中最为重要的一种类型。它的特点是不采用大拆大建的方法，不追求住宅外观上的单调统一形式，而是对原有村庄内部进行统一规划建设，逐步改造原有的房屋、街道、绿化和各种设施，挖掘村庄内部用地潜力，增加住户。

(2)新选村址，旧村住户逐年迁入，称为“平地起家，移地新建”，“拆旧村，建新村”，或叫“另起炉灶”，这是20世纪70年代用得最多的形式，也是当前一些新村庄建设所采取的形式。

(3)在一个中心村的外缘选择一片用地，使四周小村或零散住户迁入，与中心村合并，原有部分为旧村改造，迁入部分为新建，两部分要统一规划。成为“混合形式”，或称“迁村并点”。

二、新农村建设和村庄建设的区别与联系

(一)区别

新农村建设是一个综合的概念，是党在新时期关注“三农”政策的体

现。党的十六届五中全会提出：按照生产发展、生活富裕、乡村文明、村容整洁、民主管理的要求，扎实推进社会主义新农村建设。由此看，社会主义新农村建设体现了经济建设、政治建设、文化建设、社会建设四位一体，是一个承前启后的综合概念，是国家关注“三农”，发展“三农”的新时期的政策体现。它不但涵盖了以往国家在处理城乡关系、解决“三农”问题方面的政策内容，而且还赋予其新时期的建设内涵。社会主义新农村建设的内涵既包括了路、电、水、气等生活设施和教育、卫生、文化等社会事业建设，也包括了以农田、水利、科技等农业基础设施为主的产业能力建设；既包括了村容村貌环境整治，也包括了以村民自治为主要内容的制度创新。概括而言，所谓社会主义新农村建设，就是为改善农村生产、生活条件，提高农民生活福利水平和农村自我发展能力，为促进城乡协调发展，按照生产发展、生活宽裕、乡风文明、村容整洁、管理民主的要求，以形成新农民、新社区、新组织、新设施、新风貌为目标，以加强农村道路、水电、水利等生产和生活基础设施建设，促进农村教育、卫生等社会事业发展为主要内容的新型农村综合建设计划。新农村建设旨在通过政府资助和引导，动员农民和社会各方面力量广泛参与，增加农村公共品供给，提升农村公共服务水平，改善农村生产生活条件，优化农村生态环境。通过以上综合建设，最终目标是要把农村建设成为经济繁荣、设施完善、环境优美、文明和谐的社会主义新农村（马晓河等，2006）。

村庄建设则是一个比较具体的行为，是任何时期都存在的。从古代人们为了躲避自然界的灾害和野兽的袭击以树枝等搭建可以容身的场所到现代的追求舒适的生活环境而修建高楼大厦等都是一种建设行为。只不过由于所处的自然和社会环境不同，进行建设的目的和追求不同而已。同时也可以看出，村庄的建设行为是受许多的因素影响的。这一点在后边的讨论中会涉及。随着人们所处的自然和社会环境的变化而变化，这种变化表现在许多的方面，如选址、修建房屋的目的，所需的材料、对于其他基础设施和公共设施的需求等都是随着人们的生活的变化而变化，其中也包括一些由于自然灾害或环境的恶化而进行的，如生态移民村和扶贫移民村的建设等。

新农村建设与新村庄建设[1]

新村庄建设主要是村容村貌建设；新农村建设则是政治、经济、文化、社会、党建五位一体的系统工程，具有综合性、长期性和复杂性。新村庄建设（村庄整治）是新农村建设中的一个很重要的部分。二者是不能等同的。有些地方把社会主义新农村建设简单地理解为新村庄建设，片面追求村容村貌建设，把主要精力和资金用在整修文化广场、建中心村道，有的还不顾实际，大搞“农民式别墅”和“精品小区”，而对农业生产、民主管理等方面的工作则不够热心，没有新思路，没有大的发展。这是对社会主义新农村建设的片面化、简单化的理解。

“拆旧房、盖新房，村子从此变了样”，这曾经是很多人心目中快速改变农村面貌的良方。建设新农村不是建新村，它需要农村经济、政治、社会、文化等方面共同进步。但要看到的是，无论富裕起来的、还是正努力致富的农民，他们对于改善居住条件都有着现实的需求。住上理想的住房，过上想要的生活，也是新农村建设的题中之意。

现实的情况是，我国的农村地域差别很大，经济发展条件不一，盲目建设、一哄而起，肯定会与农民的心愿相去甚远。本期《大家谈》里，大家谈到“新农村建设规划要先行、少搞‘三个一’”等可谓切中要害。新农村不是盖新房，即使是拆旧房、盖新房，也要讲科学。因地制宜，作好规划，从村庄的实际出发，从农民的现实需要出发，才是正确的选择。

（二）联系

新农村建设和村庄建设都是在农村区域内进行的，二者也存在着许多的联系。

---

①http：//news.163.com/06/0402/06/2DMCV5R00001124J.html.

(1)村庄建设是新农村建设非常重要的一部分。当前的新农村建设是我国在新形势下提出的对解决我国“三农”问题的综合策略。党的十六大根据我国经济社会发展的阶段特点,明确提出了解决“三农”问题必须统筹城乡经济社会发展;党的十六届三中全会通过的《中共中央关于完善社会主义市场经济体制若干问题的决定》中,第一次正式提出了“统筹城乡发展”的思想,并且将统筹城乡发展放在“五个统筹”之首;在党的十六届四中全会上,胡锦涛总书记提出了著名的“两个趋向”论断,并指出我国已经进入了以工补农、以城带乡的阶段;紧接着在党的十六届五中全会,又提出建设社会主义新农村。从统筹城乡发展的提出到“两个趋向”论断,再到建设社会主义新农村,可以清楚地看出党和国家在调整城乡关系、解决“三农”问题的脉络。上述三大概念的产生具有明显的逻辑关系层次,三者之间是一脉相承的,是一个从战略决策思路演变到具体实施的过程。统筹城乡发展是党和国家调整城乡关系的一种战略思路,以工补农、以城带乡是党和国家调整城乡关系的一种战略取向,而社会主义新农村建设则是落实统筹城乡发展、实施以工补农、以城带乡的战略举措,它是将战略思路、战略取向进一步具体化,是实现城乡统筹发展、以工补农、以城带乡的必要途径和重要手段。因此,在现阶段开展社会主义新农村建设,是缩小城乡差距,建设全面小康社会的重要政策内容。

我国当前城乡差别的一个很重要的方面就是在公共基础设施方面。长期以来,中国通过农业和农村的积累来支持工业城市的发展,一方面使得城市的发展越来越好,越来越像欧洲,另一方面却基本没有将乡镇、村镇建设纳入国民经济社会发展规划,对农村建设和发展的投入比较少,农村道路、水电、厕所等生产生活基础设施普遍较差,农村越来越像非洲。特别是学校、医院、邮局、商店、文化场所等配套设施非常不健全。随着社会的发展,现代文明的发展速度越来越快,城市在不断地跟进世界发展的潮流,而农村由于公共基础设施的薄弱,对于外界信息的闭塞,依旧生活在与城市文明不同的世界中,在这种一个加快发展另一个还处于止步的情况下,农村的生产生活条件相比城市是越来越落后。

农村的基础设施薄弱,严重制约着农业农村经济的发展和农村的全面进步。加强农业基础设施建设,改善农业发展环境,是不断改善农民生活质量、提高农民文明程度的客观要求，也是促进农村经济社会全面发展、推进农村小康建设、构建和谐社会的重要任务。进一步加强农村基础设施建设，从根本上说是提高农村的综合生产能力和可持续发展能力，推动农村社会走向生产发展、生活富裕的文明发展的奠基之路。

因此，在当前的新农村建设中，要围绕改善农村生产生活条件，加大财政对农村转移支付力度，建立以政府投入为主、带动各方投入的多元化投融资体制，加快饮水、乡村道路、农村能源、农业信息化为重点的基础设施建设，为促进农村经济社会的全面发展奠定坚实的基础。

(2)村庄建设是新农村建设的载体和切入点。新农村建设包含了生产、生活以及农民培训和政治等多个方面，对于整个的新农村建设来说，村庄建设是一个切入点和其他几个方面建设的平台。

新农村建设中的生产发展、生活富裕方面的建设，就是要在当前的农村发展情况下，加大对其产业的支持力度，通过组建各种合作组织和引进新的技术、新的品种，达到农业发展、农民增收的目的。同时在调整产业结构和产品销售上，积极开拓市场，建立农村农产品的销售市场，建立农村信息化的渠道，以保证农产品的产销顺畅。可以说生产发展所涉及到的项目的开发生产等过程均离不开村庄建设。一个有着良好的交通条件和基础设施建设的村庄是其产业发展的一个前提。没有良好的于外界交流的渠道，农业生产所需的生产资料以及农产品的销售都会受到极大的制约。没有良好的信息渠道，农业生产就会游离于市场之外，没有了市场，农产品的需求信息就不能及时有效的到达，这对于农户的生产就会产生巨大的反作用。一个良好的基础设施建设在便于村庄于外界的交流的同时，也可以吸引外界的投资生产，对于调整农业产业结构，改善农民就业环境，增加农民收入都有极大的促进作用，因此，村庄建设尤其是对基础设施的建设投入是实现新农村建设生产发展和生活宽裕目标的前提。

对于新农村建设中的乡风文明和管理民主来说，就是改善农村的人际关系，实现和谐农村社会。这两点也与村庄建设有很大的关系。前面已经讲到，村庄建设是受到多种因素的影响的，其中社会文化就是一个重要的影响方面。在我国的农村地区，从古至今，都有“远亲不如近邻”的说法，由此也可以看出，农户修建房屋对于邻里关系的重要性。在当今的农村社会中，许多的矛盾的产生也往往是由于土地矛盾所产生的，这土地中间既包括耕地，也包括一些建设用地。农村中因为修建房屋、公共用地以及道路通行所产生的矛盾占到了农户之间矛盾的很大的一部分，也对村庄的管理造成了影响。良好的环境能够塑造人，因此，村庄建设的投入加大，通过对农村基础设施的改善，对于改善农村中的人际关系，达到乡风文明和管理民主有重要的作用。

对于村容整洁来说，村庄建设无疑是最主要的手段。当前在新农村建设中所进行的村庄整治就是村庄建设中的一种，属于旧村改造一类。

通过以上的分析，我们可以看出，村庄建设在新农村建设中的地位，不仅对于村容整洁有重要的作用，还对于其他四个方面的新农村内容同样具有推动改善作用。并且随着新农村建设的深入，对于新农村建设的评价的一个很重要的标准就是村庄面貌的改善。良好的环境是新农村的外在表现。因此说，村庄建设是新农村建设中的重要的一部分，也可以说是新农村建设的平台和切入点。

三、新农村村庄建设的任务

2006年的中央一号文件对社会主义新农村建设作了系统深刻的阐述。一号文件的精神中，特别值得我们重视的是将农村人居环境改善作为新农村建设的重要内容之一。因此，新农村村庄建设的主要任务就是将按照符合人居环境的要求来对现有的农村基础设施和公共设施进行改善。

对于人居环境的研究，李健娜等[①]构建了乡村人居环境评价指标：根据乡村人居环境的居住分散、经济欠发达、社会保障相对滞后的特点，遵循科学性、规范性、全面性、动态性、重点性等原则构建评价指标体系；在前人研究的基础上，乡村人居环境评价指标体系构建的思路如下：评价的综合指标体系由三个层次构成，即目标层、系统层和指标层。目标层是指

①李健娜，黄云，严力蛟．乡村人居环境评价研究．中国农业生态学报，2006(7)．

实现人与自然和谐、持续发展的人居环境目标；系统层包括乡村生态环境、乡村聚居环境、乡村聚居条件、乡村社区社会环境、乡村社区经济条件、乡村聚居能力、乡村的成长性、乡村的可持续能力等8个系统，各系统分别选取若干个反映乡村人居环境生态化和可持续性的指标，具体见表1。

表1 乡村人居环境评价指标体系①

目标层	系统层	指标层
人与自然和谐、持续发展的人居环境	乡村生态环境	自然景观类型和数量、自然灾害损失、人均绿地面积、大气质量、地表水、综合评价指数、垃圾与人畜排泄物处理率、乡镇工业达标排放率
	乡村聚居环境	人均水、电用量、家庭电视、电话普及率、水电的供求状况
	乡村聚居条件	乡村人口密度、人均居住面积、建筑密度、一二类居住用地比重
	乡村社区社会环境	距离中心镇或城市服务区的距离、学校数量、人均医疗资源、人均公共用地面积、人均预期寿命、人均娱乐活动参加次数
	乡村社区经济条件	乡村旅游收入比例、人均年GDP、三大产业结构和就业比例、农业、非农业劳动生产率、乡村居民年可支配收入
	乡村的聚居能力	居民个人受教育程度、家庭劳动力状况
	乡村的成长性	产业的先进性、生产技术的创新和应用
	乡村的可持续能力	固定资产年增长率、住宅投资年增长率、环保投资年增长率、经济增长中的科技贡献率、公共基础设施投资增长率

通过以上表格中人居环境评价体系的分析，我们可以得出：村庄人居环境不仅包括基础设施等硬件建设，还包括经济发展等软件建设。从这些方面来看，村庄人居环境建设和新农村建设的涵义有着相同的外延，只

①李健娜，黄云，严力蛟．乡村人居环境评价研究．中国农业生态学报，2006(7)．

不过在当前我国进行的新农村建设中所提出的人居环境建设更多的把其经济社会等的内涵从中剥离，主要是针对农村基础、公共设施等方面的建设。但不管怎样，建设美好的村庄人居环境是村庄建设的任务也是新农村建设的目标。

截至2004年底，我国共有320.7万个村庄，其中行政村63.4万个，居住生活着2.05亿户7.95亿人。由于长期城乡二元社会结构影响，重城轻乡的倾向尚未根本扭转，各级政府履行村庄规划职能不到位，公共财政未能覆盖村庄公共设施的建设与维护，绝大部分的村庄村容村貌还比较落后，农村人居环境质量与城市相比有相当大的差距。新的时期的新农村人居环境建设还任重而道远。

四、新农村村庄建设的原则

村庄建设是实现人们居住和生活的手段，在这个过程中，受到许多的因素的影响，其中包括自然环境、社会环境以及政治环境的影响，这一点在下一讲中会有具体的讨论。不管怎么样，村庄是人类生存和生活的地方，它的建设应该遵循以下原则：

（1）以人为本，尊重农民的意愿。从古至今，在村庄建设中，人们不断地进行着调整，从居住选址、住房样式的改变、公共设施的配套修建等方面，就是为了不断的满足自我的需要，多层次的不断发展的需要。尽管发展过程中受到其他不可外力的影响，但满足人们需求这个根本目标不能改变。如果没有了人们的需求，那么任何的建设行为都是无实际意义的，只能是摆设。在当前的村庄整治中，要深入群众，了解他们的需求，依据群众自愿、量力而行，切忌搞形象工程大建特建违背群众意愿和超出当地经济水平的样板村。我国不同地区差异极大，新农村村庄建设的条件各不相同，应根据当地经济条件与群众意愿逐步进行。特别是欠发达地区，更不能急于求成，应该把建设社会主义新农村的重点放到发展生产，提高农民收入和解决农民关注的生产生活问题上。根据他们的需求制定合理的村庄整治规划，以此为据进行有效的村庄整治。

(2)做好规划、节约土地。不管当地的经济发展水平如何，都不能超标准占用土地，发展那些大院加小楼的别墅新村。是否节约出土地进行复垦，应当作为新村建设是否成功的一项重要指标。新村建设必须在土地利用规划的基础上进行。通过土地利用规划，一方面调整农业生产结构，充分发挥土地的生产潜力，一方面布局与控制村庄的位置与面积。新农村村庄建设是一柄双刃剑，合理进行新农村村庄建设，搞好土地整理、复垦耕地，就可以扭转我国耕地数量不断下滑的趋势，但如果搞不好，继续超标准建别墅式新村，我国的土地资源则将受到进一步的破坏。

(3)因地制宜，体现不同的地方特色、不同的民族文化。社会是多元的，人的存在也是多元的，我国是一个疆域广阔的大国，人口众多，民族也众多，居住在祖国的每一个角落。对于这样的大国的村庄建设来说，首先体现出的就是不同的地方特色，各地有各地的特色，既适应当地的气候特点，又反映当地的文化传承。如北京的胡同、南方吊脚楼等，还有就是民族的特点，如蒙古的蒙古包、苗族的苗寨、壮族的木楼等。这些不同风格的建筑的存在，使得村庄建设在满足生存需要的同时也增添了许多的异样风情。这些都是在古老的传统中保留下来的经典，也是村庄建设的传承。在当前的村庄建设中，也要体现这种传统，特别是一些以旅游为主的村落，更是要体现这种特色，而不是一味的追求城市文明的发展，应该展现自己的特色。当前的村庄整治也一样，不应该千篇一律的强调统一的模式，都是笔直的马路，营房式的建筑，而应该在满足需要的同时，更多的体现多种风情，多样风光。

(4)根据不同地域、不同阶段的发展需求进行建设。村庄建设是和人们的需求相一致的，当然在做规划时，要考虑长远的利益，而不能只顾眼前。但是这种规划在具体建设过程中应该根据不同的发展阶段相适应，如有的地方进行的宽大马路的修建以及要求农户修建统一楼房的做法，都是违背需求的。既浪费了土地和人力、物力，又在一定程度上伤害了农民的感情。对于基础设施的需求是和一定的经济社会背景相联系的，经济发展到一定的水平，人们才会对精神文明产生需求，那种不顾实际需求一味求大求全的做法是要不得的。在村庄的建设中还有一点是地域的不同，平原和山区、丘陵地带的建设不同，对于村庄道路、管网的建设应该采取不同的标准,即满足当地的需求,又要满足节约人力、物力、财力的要求,不要贪大求洋,忽视本地的基础条件来发展。在当前的村庄整治中,结合村庄不同的特点以及发展方向来进行整治,有针对性的解决村庄面临的主要问题,逐步改善居住环境,以达到村容整洁的目的。

(5)同步建设环保设施。新农村村庄建设必须注意生态环境的保护。现在我国的小城市和村镇基本上没有建设环境保护设施,造成越往基层,环境的脏、乱、差现象就越严重。为此,有关生活污水、垃圾等废弃物的收集与处理等环保设施应该与村镇的房屋、道路建设同步进行。环保设施大多涉及到长期管理问题,这也就是村镇建设包括环境建设必须与农村的体制建设与文明建设协调发展的原因之一。

五、新农村村庄建设相关的两个问题

(一)新农村村庄建设和小城镇建设

当前我国新农村村庄建设中很重要的一点是要统筹城乡的发展,在这一点上,新农村村庄建设的重点及方向应该是向着小城镇的方向发展。

党和国家对解决城乡差距问题一直有着清醒的判断,把小城镇作为解决问题的途径和办法也是以一贯之的。党中央自 1998 年提出“小城镇、大战略”以来,就发展小城镇做出了一系列的战略部署。2000 年 6 月专门下发了《关于促进小城镇健康发展的若干意见》;党的十六大指出坚持大中小城市和小城镇协调发展,而且在中央数次农村工作会议以及有关农村工作的文件中,反复提出要搞好小城镇建设;2005 年 9 月 29 日,胡锦涛总书记在主持中央政治局第 25 次集体学习时强调,坚持走中国特色的城镇化道路,努力形成资源节约、环境友好、经济高效、社会和谐的城镇发展新格局;2005 年 10 月 11 日,十六届五中全会通过的《中共中央关于制定国民经济和社会发展第十一个五年规划的建议》中指出:“坚持大中小城市和小城镇协调发展,按照循序渐进、节约土地、集约发展、合理布局的原则，促进城镇化健康发展”；2005 年 12 月 31 日，《中共中央国务院关于推进社会主义新农村建设的若干意见》中进一步明确：“着力发展县城和在建制的重点镇，从财政、金融、税收和公共品投入等方面为小城镇发展创造条件，外来人口较多的城镇要从实际出发，完善社会管理职能”。

靠农业的积累、农民的贡献和农村的支持，中国建立了比较完整的国民经济和工业化体系，但城乡二元结构也日益强化，农村发展越来越落后于城市。新农村建设的一个重要战略目标，就是要统筹城乡发展，从宏观政策和体制上改变“重城市、轻农村；先市民、后农民”的做法，扭转“城市像欧洲、农村像非洲”的现状。那么，实现城乡统筹发展的关节点在哪里呢？在小城镇。小城镇是“三农”工作的物质载体，是农村精神文明建设的示范点，是亿万农民安居乐业的家园，直接体现着农村经济社会文化、生态环境状况、农村面貌、农民生活乃至农村文明的总体水平。

从统筹城乡关系看，小城镇是县域经济的增长点，是承前启后、承上启下的“中枢”，是连接城乡、工农的基地。“小城镇、大战略”的核心是促进农民非农化，推进农村城镇化，加快解决“三农”问题。所以，抓住小城镇这个城乡空间网络的节点，就抓住了城乡统筹的核心环节。从统筹经济与社会协调发展看，小城镇是农村社会公共产品提供的基地和服务的载体。鉴于财力有限和农村人口众多的实际，农村基础教育、职业技术教育、科技推广、养老保险、医疗保障等社会公共产品的供给不能不考虑地区差异。比较可行的做法是，在经济相对发达的小城镇首先着手。从统筹区域发展看，不同区域经济发展水平的差异，其实集中表现在小城镇的经济实力、社会发展水平上。要缩小区域发展差距，首先要提高小城镇的发展水平。要统筹区域发展，首先要统筹小城镇的社会经济发展。从统筹人与自然的关系看，只有小城镇贯彻节约耕地、保护生态、资源利用、以人为本的方针，才能真正统筹人与自然的发展。抓住小城镇发展，也就抓住了人与自然协调发展的主要环节。从统筹国内改革与对外开放看，小城镇是农副产品走向大城市、走向国际市场的窗口和平台。以整个镇和周边的企业集群整体参与国际产业大循环，切入全球生产链的这个环节已经被证明是小城镇发展的一条新路子。

党中央从全局分析和把握形势,提出了新农村建设的策略,当前的新农村建设是一个系统工程,而这个系统工程中的每一部分都可以通过小城镇的建设得到统一,并且这也是我国农村城市化发展的方向。随着我国经济的快速发展,农村劳动力向非农产业转移,城镇化是不可避免的历史趋势。从统计数字来看,2004 年我国的城镇人口仅为总人口的 41.8%,即使乐观地估计到 2020 年我国实现了全面建设小康社会目标时,城市化水平提高到 60%,农村仍将有 6 亿左右的居民。就是到 2050 年,我国达到上中等收入国家的水平,农业人口降低到 15%,也仍然会有将近有 1.8 亿的务农人口。而且,随着收入的提高和道路等基础设施的改善,许多在城里工作的人口也会愿意居住在农村,农村居民会高于农业人口的数量。这数亿工作和生活在农村地区的居民不会因为城市化而不需要公共基础设施,因此,社会主义新农村建设与城镇化的必然趋势是并行不悖的。以新农村建设为重点,坚持走大中小城市与小城镇协调发展的城镇化道路,这项重大的历史任务,对于国家未来走向影响极其深远。小城镇是城市与农村重要的结合点,是农业产业化的服务载体,是推动新农村建设的基地。中国"城市腿长、农村腿短"的现象十分严重,十分有必要把优先发展小城镇放在建设新农村的大背景下思考,放在科学发展观的大框架里研究。新农村建设和小城镇建设在这里可以得到统一。胡锦涛总书记多次讲过,我们要办的事情很多,样样都很重要,但要分轻重缓急,既要讲量力而行又要讲尽力而为。把优先发展小城镇作为重要抓手,以小城镇为单位集中整合,打捆使用,不仅符合客观实际,形成新农村建设的合力,而且具有长远的战略意义。

(二)新农村村庄建设与"巴伐利亚试验"[①]

在当前的新农村建设中,有一个村庄引起了人们的关注,那就是山东省青州市何官镇南张楼村,这个村子的出名则是因为在这里进行的长达

①南张楼没有答案——一个城乡等值化试验的现实.南方周末,http://news finance.sina.com.cn./c/2004-04-15/10203129634.shtml.

17 年的“巴伐利亚试验”。

“巴伐利亚试验”又称城乡等值化试验，由于 20 世纪 60 年代起在德国的巴伐利亚实施，又被称为“巴伐利亚试验”。该计划由赛德尔基金会提出，倡导“城乡等值化”理念，它通过土地整理、村庄革新等方式，实现了“与城市生活不同类但等值”的目的，使农村经济与城市经济得以平衡发展，明显减弱农村人口向大城市的涌入。这一计划已成为德国农村发展的普遍模式。负责该项目的机构汉斯·赛德尔基金会的负责人威尔斯博士告诉记者，他们的经验就是用“等值化”的理念，缩小城乡差距，让农民爱上农村。其主要思路如下：一是制定“村镇整体发展规划”，如调整地块的分布，改善农田基础水利设施等；二是调整农村的产业结构，积极推广农村机械化作业，组建合作社，发展生态农业；三是保护传统文明，如整修传统民居、建立博物馆等；四是加强教育培训，推行“双元制”教学，让孩子从小既学文化课，也学实用技术。同时，文体娱乐活动也被他们看作吃饭穿衣一样平常，村庄里各种娱乐设施齐全。

“巴伐利亚试验”在南张楼村经历了 17 年实践，部分地达到了最初的目标：农民收入提高，目前年人均纯收入达 6 000 元；兴建了 80 多个企业；农民工作模式改变：农业生产成为副业，而企业生产成为正式职业，包括石油机械厂在内的好多企业还为农民工买了养老、医疗保险；成功地留住了人，项目实施前该村居民 4 000 人，目前还是 4 000 人，15 年来仅有 100 位人才走出，他们大都被青州等地的一些企业挖走(该村由基金会设立的职业技术学校名气太大)；居民生活方式改善：基础生活设施完全脱离了农村氛围，人们生活在包括厂区、居民区、文教区、休闲区等准城市化规划的大范围内，用村里年轻人的话说就是：他们想不出城里面有什么东西在南张楼没有。然而它的“成功”也不可避免地与中国农村的现实发生碰撞。比如，很有意思的一个事实是：南张楼确实实现了把村民留在农村，但更多是通过大力兴办非农产业，这一切恰恰是在违背“巴伐利亚试验”初衷的背景下完成的。另外一个是村庄的房屋的修建一反农村特色，而是按照城里的式样修建的楼房。现在的南张楼肯定不是德国专家理想中的中国新农村的范本，但它也显著区别于中国农村大批农民进城打工的常态，某种意义上，它是德国经验与中国现实互相作用又互相妥协的一个结合体。就连现在的专家都很难说南张楼是“成功”了吗？对于当前的新农村建设来说，它还是农村吗？尽管如此，南张楼还是带给我们许多对新农村建设的思考。

本讲小结

新农村建设是一个整体，是新形势下解决“三农”问题的综合措施。它包括众多的内容。村庄建设只是其中的一部分，是新农村建设中对于农村基础、公共设施等的硬件设施的建设部分，当前进行的村庄整治是村庄建设的一种形式，是实现村容整洁目标的手段。

第四讲

第五讲 村庄整治

村庄整治是新农村建设中实现“村容整洁”目标的主要措施，是达到新农村人居环境标准的主要手段。为贯彻落实中央关于建设社会主义新农村的战略部署，做好新时期村庄整治工作，改善农民居住条件，改变农村面貌，建设部发布了《关于村庄整治工作的指导意见》，指出：建设社会主义新农村是新形势下促进农村经济社会全面发展的重大战略部署，是实现全面建设小康社会目标的必然要求，是贯彻落实科学发展观和构建和谐社会的重大举措，是改变我国农村落后面貌的根本途径，是系统解决“三农”问题的综合性措施。村庄整治是社会主义新农村建设的核心内容之一，是惠及农村千家万户的德政工程，是立足于现实条件缩小城乡差别、促进农村全面发展的必由之路。

本讲要点

- 村庄整治规划的必要性和指导思想
- 村庄整治项目的选择
- 村庄整治包含的内容
- 村庄整治中需要注意的问题

一、村庄整治的含义

村庄整治是当前新农村建设中改善村容村貌的主要手段，是带有实际操作意义的措施，是对村庄村容村貌的重建与改造。什么是村庄整治？建设部村镇建设办公室主任李兵弟认为，村庄整治主要有三点：第一，充分利用当前农村已有的条件房屋和设施进行整治，进行建设，进行完善，而不是推倒重来。第二，对这项工作，政府要有一定的实物和资金的支持帮助，这种实物和资金的帮助，需要通过政府建立一个指导性的目录，帮助和引导农民来做这件事情。第三，引导农民主动参与，农民是主体，要让农民自力更生、勤劳互助，在政府的帮助下，完善农村的基本生活设施，改善当前农村人居环境落后的状况。

村庄整治是村庄建设中的一部分。村庄整治偏重于对现有设施的整理和治理，它强调在保持原有建筑格局的基础上进行改进和改建，比如旧村改造就属于村庄整治。当前建设部在对新农村建设的过程中提出的是"村庄整治"的概念，强调在现有的基础上对村容村貌进行整治，整治的过程和结果就是村庄建设的过程。

二、村庄整治规划的必要性和指导思想

村庄整治是建设部在新农村建设的背景下结合当前我国农村的村容状况而提出的，合理有效的规划是村庄整治的基础。在前面的介绍中，我们已经知道了在前几个阶段的社会发展中，我国的农村基础设施建设出现了几个阶段的不同特点。在当前，随着我国农村经济的发展，农民的生活也得到了较大的改善，但就绝大多数村庄来说，在村庄的建设上还存在着很多的问题。经济比较发达的农村，"室内现代化，室外脏乱差"的现象也非常普遍。在经济不发达的农村，脏乱差的问题就更大，以至于出现所谓的"城市像欧洲，农村像非洲"的情况。从村庄整治的定义可以得出，村

庄整治是新农村建设条件下,对现有的村庄进行整治的过程,而不是重新开始建设一个新的村庄。村庄整治的前提是规划,村庄整治必须按照整治规划来进行。《中共中央关于制定国民经济和社会发展第十一个五年规划的建议》中明确提出了“搞好乡村建设规划”。国务院领导也强调,搞好村庄规划、建设,改善农民居住条件,改变村容村貌,是建设社会主义新农村的一项重要工作。在当前的村庄整治中,结合现状进行的整治规划无疑是最重要的事情。

村庄整治规划要非常的具体。村庄整治要从目前村庄存在的问题出发在考察村庄现状的基础上确定需要整治什么,为什么要整治这些内容?怎样安排整治?做整治规划时,要尊重农民,一切从实际出发,一心一意地为农民服务,认认真真、扎扎实实、不求名利、敢于创新。一是要防止一哄而起,搞成政绩工程和运动式推动;二是要防止不从农村的实际出发,大拆大建;三是要防止不尊重农民,甚至伤害农民,侵害农民利益。

为了避免这些情况,一是要明确那些农村最基本、最基础、最急需的基础设施、公共服务设施建设,那些符合政府要求和引导方向的村庄整治项目,政府才给予支持和帮助。二是要制定农民参与的途径。农民是村庄整治工作主体,要让农民真正参与进来,自己解决自己的事情。要进行农户入户调查,了解农户的需求。农民应该参与村庄整治工作的全过程,包括规划、建设、资金运行、监督、工程的验收。要通过制度保障农民的参与权。三是政府要通过村庄整治规划与行动计划的编制对村庄整治工作予以引导和规范,对村庄整治工作的自由放任和强行推动都是错误的。尤其应注意的是,村庄整治规划绝不能把城市的那一套照搬过来。比如,要整治一条村内道路,不能像城市一样在村子里大拆大建新建一条路,而是把村子里原有的、不通畅的、泥泞的小路打通、硬化、建好,让农民的车子能在村子里通过。另外,在做好整治规划的同时,还必须做好行动计划。没有整治规划的行动多数是盲目的,没有行动计划的整治规划大多是空谈,二者一定要吻合。行动计划中要把政府给予的支持、农民可能组织起来的投工、投料、投劳统筹安排,把整治项目的进度落到实处。

三、村庄整治项目的选择

"村容整洁"是新农村建设"20 字方针"中的重要一项。2005 年 9 月 30 日，建设部下发的《关于村庄整治工作的指导意见》明确指出村庄整治工作是社会主义新农村建设的核心内容，认为：村庄整治项目的选择应首先强调因地制宜、突出特点、量力而行，着力改善农民生产生活中最迫切最直接的生产生活条件，根据村庄实际条件有步骤、有重点地逐步推进。根据村庄现状存在的普遍问题，将整治重点放在设施配套和人居环境改善上，有效促进城市基础设施向农村延伸，城市公共服务向农村覆盖，提高村民的居住生活质量，丰富村民的精神文化生活，塑造宜人的农村人居环境，为全面实现小康社会打下基础。

村庄整治要结合现有的村庄现状，因地制宜，可采取新社区建设、空心村整理、城中村改造、历史文化名村保护性整治等有效形式，以村容村貌整治，废旧坑（水）塘和露天粪坑整理，村内闲置宅基地和私搭乱建清理，打通乡村连通道路和硬化村内主要道路，配套建设供水设施、排水沟渠及垃圾集中堆放点、集中场院、农村基层组织与村民活动场所、公共消防通道及设施等为主要内容进行整村整治；使整治后的村庄村容村貌整洁优美，硬化路面符合规划要求，饮用水质达到标准，厕所卫生符合要求，排水沟渠和新旧水塘明暗有序，垃圾收集和转运场所无害化处理，农村住宅安全经济美观富有地方特色，面源污染得到有效控制，医疗文化教育等基本得到保障。

建设部目前开展的村庄整治项目包含了三个层面：一是由中央财政和各级政府直接投资建设的农村地区的基础设施和公共服务设施，它是改善农村人居环境的重要保障，也是实施村庄整治的依托；二是由政府资助，农民自主选择采取整村整治的方式实施，是直接改善村庄面貌和整体提升人居环境的公益类建设项目；三是通过政府资金引导，科技项目示范、市场化运作、农户自主参与、利益到户的有关项目。

村庄整治项目不仅涵盖农村日常生活所必需的公用设施、环保设施和安全保障设施,还包括村容村貌的整治整修等。在建设部村镇建设办公室拟推出的《村庄整治技术导则》中,村庄整治具体项目有如下几类。

(一)村庄基础设施

(1)道路:完善道路、桥梁设施及停车场、库、自行车(摩托车)棚的规划建设,实现道路路面硬化,并进行道路竖向及道路断面综合设计(包括排水边沟、路灯、道路两侧绿化设计等)。

(2)给水:逐步实现村庄集中供水,保障水质,供水到户,满足农村地区人畜安全、方便饮用。暂无条件建设集中式供水设施的村庄,应加强对分散式水源的卫生防护,综合整治环境卫生。结合给水工程同步建设消防设施。

(3)排水:逐步实现村庄排水的"雨污分流"体制。有条件的村庄可采用管道收集污水,污水经处理达标后排放或进行农业灌溉,污水处理设施可根据当地实际情况选择集中式或分散式。雨水可根据地方实际采用明沟、暗渠或管道方式排放,就近排入周边自然水体、灌溉水田或再利用。

(4)电力、电讯:进行电力供应的变配电设施、输电线缆架设或埋设,电话线缆、卫视天线等通讯线缆及设备的配置等。

(5)供热:有条件的村庄可鼓励利用太阳能、沼气、秸秆制气等再生能源进行分户供暖,同时鼓励新建民宅使用新型外墙保温材料以减少能源的浪费。

(6)燃气:有资源条件的村庄可选择太阳能、风能、秸秆制气、沼气等新型清洁型能源,逐步取代目前村民使用的柴、煤等燃料,改善村庄的环境卫生状况。

(二)村庄公共服务设施

根据村庄实际发展需要和周边公共设施配套情况,因地制宜地进行服务设施的配套与调整,避免重复建设。可参考建设的社会服务设施包括卫生站、托儿所、村委会、文化站、便民店、幼儿园、小学、邮政代理点等。

(三) 环卫设施

(1)垃圾收集:垃圾收集采用“每户分类—村集中—镇中转—县处理”的模式。村庄内设置垃圾收集点,镇(乡)和较大村庄可考虑设置垃圾转运站,垃圾分类密闭集存、密闭贮运至城镇垃圾处理场,统一进行无害化处理。厂区、养殖区及卫生站等可设置独立垃圾收集点。医疗废弃物应另行处理,以杜绝流行性传染疾病的传播。

(2)厕所:根据村庄实际情况,确定厕所数量,户内厕所较普及的村庄可适当减少公厕的配置;新建厕所建议采用水冲式厕所;无条件采用水冲式厕所的村庄,则应按设计建三格化粪池。

(四)防灾减灾设施

(1)防洪设施:结合江河、水利设施统一考虑设置泄洪沟、防洪堤截洪排涝。

(2)防灾设施:公共建筑选址应避免有山体滑坡、地面塌陷、山洪冲沟等存在地质危险隐患的地段;拆除危房,加固不安全民宅,新建民宅严格按国家抗震标准建造;配置突发急性流行性传染病的临时隔离、救治室。

(3)消防设施:结合给水工程同步建设消防设施,有条件的村庄可利用自然水体作为消防用水;存在火灾隐患的农宅或公共建筑,应按防火要求进行整治改造。

(五) 村庄人居环境面貌治理

环境治理要突出乡村特色、地方特色,要本着有利生产、方便生活和节约原则,量力而行,充分立足现有基础进行环境改造,避免大拆大建,加重农民负担。

1.农房及公共建筑整治

(1)对具有一定历史文化价值的传统街巷、公共建筑、构筑物等进行保护或修复；

(2)拆除严重影响交通的违章建筑和私搭乱建的危旧房屋，满足交通、采光与消防安全的要求；

(3)鼓励村民对保留建筑进行内部修缮或庭院环境整治；

(4)引导村民对于沿街建筑进行外立面清洗、粉刷与整修。

2.绿地广场与景观整治

(1)对村庄内遗存的古树名木和有生态价值的林地、湿地等予以保护。

(2)对村庄河渠水道进行清理、疏通；自然山体和河渠两侧进行绿化整治。

(3)通过地面铺装、配置阅报栏、灯具、座椅及健身游戏器材等完善公共活动场所功能。

(4)结合村庄出入口、村民集中活动场所设置集中绿地广场；利用不宜建设的废弃场地，布置小型绿地广场；鼓励村民对房前屋后的空地及庭院内进行绿化。

(5)主要道路两侧进行道路绿化，整理电力电讯线缆，安装亮化照明灯具。

(6)养殖业用地应与居住建筑有一定防护距离，并位于居住建筑下风向。

在村庄整治中，建设部要求各地要因地制宜、试点引路、稳步推进村庄整治工作。村庄整治工作要认真做好两个规划。一是适应农村人口和村庄数量逐步减少的趋势，编制县域村庄整治布点规划，科学预测和确定需要撤并及保留的村庄，明确将拟保留的村庄作为整治候选对象。二是编制村庄整治规划和行动计划，合理确定整治项目和规模，提出具体实施方案和要求，规范运作程序，明确监督检查的内容与形式。村庄整治工作要坚持试点引路，量力而行，稳步推进。根据地方经济发展水平，科学制定村庄整治的计划，确定分批分期整治方案。村庄整治是一项政策性很强的工作，各地要积极探索，先试点总结经验，然后逐步推开，以点带面，防止不顾当地财力，超越集体经济和农民的承受能力，违背群众意愿、侵害群众利益，一哄而起、盲目铺开。通过村庄整治，要使得农村基本达到“路面硬化、路灯亮化、卫生洁化、家庭美化、环境优化”的目标。

四、村庄整治的内容

改善农村人居环境是社会主义新农村建设的主要内容，干净整洁的村容村貌、完善配套的基础设施，是新农村的重要标志。村庄整治的内容主要包括以下几个方面。

(一)村庄的功能分区规划

村庄整治中很重要的一点就是在村庄建设现状的基础上对村庄的功能进行分区。功能分区是实现村容整洁的前提。我国村庄的建设一般情况下呈现出的是一种自发的随机发展的状况，现存的村庄建设方面的问题，除了公共物品资金投入不足外，很重要的一个方面就是村庄规划出现了问题。传统的农村社会的发展历程决定了村庄的聚落的现状，随着社会经济的发展，村民对于居住环境有了新的要求。在一些经济发达地区，村民自发进行着一轮又一轮的建设活动，房子是一种外在的显示，很长一段时间内，在农村房子都被看成一个家庭身份和经济状况的写照，这种情况导致很多的农户在房屋建设上相互攀比、无序发展，不仅加重了村庄进一步发展的负担，这些无序的建设也限制了村庄的公共设施的建设，更加导致了村庄的混乱。由此，一个村庄的可持续发展的前提应该是有一个好的规划，对村庄按功能进行分区，一方面促进村庄的整洁，另一方面也方便农户的生活。

村庄是人们生活、生产和进行各种娱乐活动的区域，与此相对应村庄的功能也集中于这几个方面。可以根据每个村庄的实际情况和自然状况，分为住宅区、生活区、生产区、文化娱乐区等，这种分区，使得村民的生产更加集中，生活区和娱乐区也可以集中建设，节约基础设施的投入，同时生产区和生活区的分离，也使得村庄在村容村貌上整洁明快，还有一点是可以避免生产区（如养殖区）对生活区的影响，保障人们的生活健康。

（二）土地整理

土地整理是指在一定区域内，按照土地利用总体规划、土地开发整理专项规划确定的目标和用途，通过采取行政、经济、法律和工程技术手段，对土地利用状况进行调整、改造、综合整治，提高土地利用率，改善生产、生活条件和生态环境。根据土地整理后的主导用途，可将土地整理分为农用地整理和建设用地整理。

农用地整理是指在一定区域内，依据土地利用总体规划及有关专项规划，采取行政、经济、法律和工程技术措施，对田、水、路、林、村等进行综合整治，以调整土地关系，改善土地利用结构和生产、生活条件，增加土地有效供给量，提高农用地质量，提高土地利用率和产出率的过程。农用地整理包括农用地调整、农用地改造、地块规整、基础设施配套、零星农宅的迁并等，具体内容包括农用地面积、位置的变动、性质的置换、低效农用地的改造以及地块规整重划，水、电、路等小型基础设施配套和零星农宅的迁出或合并。

建设用地整理是以提高土地集约利用为主要目的，采取一定措施和手段，对利用率不高的建设用地进行综合整理。建设用地整理包括村镇用地、城镇用地、独立工矿用地、交通用地和水利设施用地以及其他建设用地的整理。

当前我国土地整理的重点在农村。农村土地整理是对田、水、路、林、村的综合整治。通过土地整理，可以有效改善农业生产条件，促进农业增效和农民增收；通过改造旧村庄，归并农村居民点，可以有效改变农村面貌。土地整理是建设现代农业与新农村的重要基础工程。整理农村土地可增加耕地两亿多亩，经调研发现，从 1996 年到 2004 年，由于生态退耕、结构调整、建设占用和灾害损毁等原因，我国耕地已从 19.51 亿亩减少到

18.37 亿亩,8 年间减少了 1 亿多亩,人均耕地仅为世界水平的 40%。近年来全国基本农田因各种因素净减少 3 924.01 万亩,全国在册的基本农田面积中耕地只有 15.36 亿亩。保护耕地是我国的基本国策,新农村建设必须在保护耕地等基础上进行。耕地,特别是基本农田是关系到国计民生,国家粮食安全的战略大事,基本农田谁也不能占用,绝不能以建设新农村为理由,非法占用耕地。但同时对于新农村建设涉及到的建设用地(村庄建设、农村道路、水利设施等工程都需要土地,甚至是耕地)的情况,只能通过土地整理措施的实施,改善村庄建设布局节约土地的方式加以利用。

党的十六届五中全会通过的《中共中央关于制定国民经济和社会发展第十一个五年规划的建议》指出,要“加强农田水利建设,改造中低产田,搞好土地整理”。中共中央、国务院《关于推进社会主义新农村建设的若干意见》(中发[2006]1 号)中指出:安排土地整理项目,要将小型农田水利建设作为重要内容,建设标准农田;积极发展节地、节水等节约型农业;配套田间工程;大力加强耕地质量建设等,明确了土地整理是当前中央提出的加快社会主义新农村建设的一项重要任务之一,同时土地整理也是新农村建设的最有力的措施。因此在新农村的建设中,必须加强土地的统一管理,同时有效实施土地整理措施,在保护耕地的同时也满足村庄建设对土地的需要。

(三)旧村改造

旧村改造,即不采用大拆大建的方法,不追求住宅外观上的单调统一形式,而是对原有村庄内部进行统一规划,逐步改造原有的房屋、街道、绿化和各种设施,挖掘村庄内部用地潜力,增加住户。从我国的实际情况来看,当前的村庄整治以旧村改造形式最为合适,绝大多数村镇的规划建设,都将以旧有村庄为基础,改建为新型的村镇。这是因为:第一,有的地方把新村建设片面理解为“平地起家”,认为这样才符合远景发展方向。有的虽在旧村址上进行建设,但不愿加以利用和改造,而把原有房屋和设施一律拆除,全部重建,追求气派和统一格式。这些做法,脱离我国当前农村的实际。这需要大量人力、物力和财力,且投资过多,造成浪费,如果不是经济实力十分雄厚的乡村,一般不宜采用。第二,居民对于自己熟悉的地方的留恋感情,使得迁村并点等类型在执行中有许多困难,一方面是传统的道德观点"故土难离",另一方面也有实际问题,如原来近便的自留田、打谷场,感情融洽的邻居和亲友等都是重要的精神支柱。

旧村改造的好处很多:

(1)现有的村镇一般来说都是经历长期历史发展形成的,具备一些好的建设条件,如周围环境较好,气候优越,地势平坦,交通方便,避风向阳,适于居住,水源充足,排水顺当。采用旧村改造的方法,这些建设条件均可充分利用。

(2)原有各项设施和房屋近期大部分可以继续使用,有的略加修改或扩建即可满足远期规划的使用要求,如村镇现有的工业和副业用房、仓库、公共建筑和电力电讯线路等,这样可以避免大拆大建,可节省开支,节省人力和物力。

(3)现有四旁绿化在改建规划中大部分可以合理利用,以便居民点内绿化系统尽快形成,有利调节气候,美化街景。

(4)适于村镇逐步建设的实际情况,经济收入高的年份可以多改建一些,或条件好的住户可以先行一步。其他可以仍旧使用旧房,对生活、生产和村貌都没有大的影响。

(5)经统一规划后进行改建的村镇在平面布局上较为灵活。因受现有条件限制,迫使房屋在排列上、样式上、标准上富于变化性。这就可以避免统一建设的村镇单调、平淡的"兵营"模式。

(6)不另占耕地。选址新建,一般来说,一个村镇需要几年或十几年才能建成,在这建设过程中,旧村镇的基地多数不能及时还田,这就形成新址旧基两处占地,影响农耕地面积。

合理开展旧村改造,是实现村容整洁的重要途径。旧村改造必须坚持统一规划,配套建设,必须与改水、改厕、人畜分开、改善人居环境同步进行。逐步做到布局优化、道路硬化、路灯亮化、饮水净化、庭院美化、环境绿化。旧村改造可分为三种类型:一是新颖型。本地经济条件好,群众建房积极性高,建设规模大,需要重新选址新建或全村整体改造的村庄,要引导农民建设“设计新颖，造型别致，功能齐全，卫生舒畅。”的新式农房，并配套好公用基础设施建设，逐步绿化美化村庄。二是改进型。对过去建房较多，村庄基本定型的，要引导农民改进房屋结构，完善使用功能，搞好室内装饰，并完善村庄各项基础设施建设，使之达到小康要求。三是过渡型。少数地方经济基础差，近几年无力改造旧村庄和新建房屋，主要靠群众投劳，搞好“两管”（管水、管粪），“五改”（改造水井、改造环境、改造炉灶、改造畜舍、改造厕所），大力推广使用沼气池，补充能源，改善居住环境。

当前旧村改造主要有两种类型。

1.“空心村”治理

旧村改造中一个重要的问题是“空心村”的问题。20 世纪 90 年代以来，随着农村经济的发展，农民收入的提高，我国农村住宅的空间布局以及村内不同年龄层次的居民点空间布局发生了很大变化。许多村庄在建设过程中，新建住宅“摊大饼”式不断向四周扩张，村庄外围涌现大量新房，而村内却基本上是样式陈旧，甚至闲置的旧房。从年龄结构上来看，村外大部分是青壮年居民，村内则大部分是孤寡老人，外围繁华，村内冷清。根据成因和外在特征的差别，“空心村”可以分为以下三种主要类型：

第一种是“摊大饼”型。其主要特征是村中心区缺乏有效管理与整治，综合环境差，村民不愿意在村中心区改建、扩建住房，新建住宅就像摊大饼一样不断向村庄四周扩展，同时村中心区逐步废弃但仍保留着大量无人居住的破旧房屋。

第二种是人口转移型。其主要特征是不少农村人口举家转移，他们在农村的住房完全闲置，村庄实际居住人口减少，但村庄建设用地及房屋并未同步减少。

第三种是外出打工型。其主要特征是农户家庭的主要劳动力长期进城务工经商，只有在重大节日或农忙季节回到农村老家，平常留守村里的主要是老人、小孩和妇女，这些农户的住房使用率很低甚至闲置。

以上三种类型的划分是相对的，实际上大多数“空心村”都是复合型的，有的以一种类型为主，有的同时兼有两种或三种类型的特征。总的情况看，全国各地都存在一定数量的"空心村"，并且有随城镇化发展而逐步增加的趋势。"空心村"的形成主要是由于以下几个原因造成的：

一是村庄建设规划滞后。制订科学的村镇规划是保证土地资源合理利用，形成良好村容村貌的根本性措施。但目前村镇规划制订远远滞后于农村经济发展速度和农民建房需求，即使制订了规划，也往往在实际中没有有效的实行，并且农户的建房行为是根据自我的经济条件进行的，集体没有统一的建房时间和标准。在规格上也存在相互攀比和炫耀的行为，因此村庄的建设特别是在房屋的修建上呈现一种比较混乱的局面，这种现象的出现与村庄建设的规划滞后、管理不严有很大的关系。

二是原村庄格局不能满足农民生产生活的需要。随着农村经济的快速发展，农民生活水平不断提高，对居住环境的要求也越来越高。原有住宅往往在交通、采光等方面相对较差，很多人要弃旧建新，在新宅基地选择上大都偏重于交通便利、地势开阔的地带，于是就出现了农村新宅"沿路建设"和"围村建设"的现象。形成了村庄内部破破烂烂，新房越建越多，被闲置的旧宅基地不断扩大的"空心村"。

三是随着外出务工人员的增多，很多村子的农户不断地减少，并且一般外出农户即使在外购置了住房，一般也会保留村内的宅基地。这样就使得很多的房子没有人居住，这也是形成"空心村"的原因之一。

在"空心村"整治中，前提是要搞好新村建设规划。这是决定"空心村"治理工作成败的关键，同时也是我们开展"空心村"治理工作的目的所在。新村建设要统筹考虑村庄道路、供水、排水、电力、通讯等基础配套设施及教育、卫生、娱乐等相关功能性设施，与"村村通"工程相结合，与社会主义新农村建设相同步，实行高起点规划，高标准建设，力争实现村庄用地集约、功能完善、有利生产、便利生活，起到示范作用，拉动村民住宅尽快向新村集聚。对于"空心村"的治理一般可以采取两种运作方式：一是在城镇郊区村和集体经济比较雄厚的村庄，采取集体出资或村民自愿筹资统一购买旧房拆除的方式集中宅基地，统一投入基础设施，统一安排地基，统一建设。在北京郊区的一些村庄就是采取集体出资兴建新房以置换旧房进行统一建设的模式。二是采取"购旧建新"模式。江西省高安市蓝房镇坑上村创造并成功实践了这一模式。其做法是，用宅基地货币化来平衡村民之间的宅基地面积。凡建新房的农户必须拆除一定面积的旧房，本人旧房面积不足的，应购买其他农户多余的旧房进行拆除。经过一定周期的“购旧建新”，用经济手段腾出大量宅基地，既可满足村民的建房用地要求，又能满足公共设施用地要求，达到了既改造旧村又节约耕地的目的。在采取以上两种方式的同时，还应该加强法律法规的宣传，禁止占用耕地建房，严格宅基地审批程序，对于违法行为要严厉打击。另外，目前大部分地区的村庄数量多，规模小，分布乱，不利于基础设施的配套。因此，有条件的地方也可以结合旧村改造和“空心村”治理，迁村并点，引导人口向居住社区集中，形成合理村庄规模，以节约土地和基础设施投资。

一个村整出 480 亩地①

襄城县国土资源局充分发挥典型示范作用，全力做好“空心村”治理试点工作，仅丁营霍堰街一个村，就整理出土地 480 余亩。

霍堰街有 7 000 多人，1 750 户，村庄占地 1 800 多亩，人均占地 0.26 亩。村内地势起伏不平，坑塘多，面积大，道路狭窄，排水不畅，每逢雨季，村民进出困难，生活多有不便，多数村民在村外建房，使村庄不断外延发展，形成了典型的“空心村”。

今年 3 月，襄城县国土资源局抓住“空心村”治理的有利时机，在霍堰街村率先开展“空心村”治理试点工作，通过全面宣传发动，使广大村民认识到进行“空心村”治理是利在当代、惠及子孙的好事，从而积极支持“空心村”工作。对照土地利用总体规划和村镇规划，县国土资源局对该村的土地利用状况进行了全面摸底，逐户核实宅基地用地面积，由村民委员会依法收回多占、超占的宅基用地 480 余亩。腾出的土地除满足该村 10 年新划宅基地的需要外，尚有 300 余亩土地可整理成耕地。综合整治后，彻底改变了村容村貌，使霍堰街村由典型的“空心村”成为“空心村”治理的示范村。

①李军民. 一个村整出 480 亩地. 河南国土资源，2004(6).

2."城中村"改造

所谓"城中村",是指在城市高速发展的进程中,由于农村土地全部被征用,农村集体成员由农民身份转变为居民身份后,仍居住在由原村改造而演变成的居民区,或是指在农村村落城市化进程中,由于农村土地大部分被征用,滞后于时代发展步伐、游离于现代城市管理之外的农民仍在原村居住而形成的村落,亦称为"都市里的村庄"。通常所说的"城中村",仅指在经济快速发展、城市化不断推进的过程中,位于城区边缘农村被划入城区,在区域上已经成为城市的一部分,但在土地权属、户籍、行政管理体制上仍然保留着农村模式的村落。

20 世纪 90 年代中期以前,中国的"城中村"现象问题还尚未显现。90 年代中后期,城市蔓延和郊区化进程加速,城市边缘区土地被大量征用。由于城市政府要在"城中村"土地补偿和村民安置方面支付巨额经济成本和社会成本,为规避巨额成本,城市政府选择了绕开村落的迂回发展思路,导致了"城中村"在土地利用、建设、景观、规划管理、社区文化等方面表现出强烈的城乡差异及矛盾,影响城市的建设质量和发展秩序,所以引起城市政府和社会各界的广泛关注(阎小培,2004)。简而言之,"城中村"是中国快速城市化进程中的产物。

李俊夫(2004)也认为快速城市化是城中村形成的直接原因。随着城市建设的发展,城区范围不断向郊区外溢,受土地产权限制及拆迁补偿等因素的影响,农村居民点的土地开发成本显然高于仅仅种上庄稼的农田。因此急于扩展的城市肯定会绕开村落而倾向于对农耕地等开发成本较低的地块开刀。待到村庄周边道路宽阔,高楼林立的时候,村落改造成本水涨船高,进行改造就更加困难,原农村居民点逐渐成为未被纳入城市开发体系的"孤岛"。面对城市化带来的前所未有的冲击,村民在自身传统的影响下逐渐走上了一条完全不同于周边地区的道路,最终形成了今天独具特色的"城中村"。

"城中村"人居环境建设方面存在很多的问题:建筑密度高、容积率高,公共空间极度匮乏,"一线天"、"握手楼"比比皆是,并且用地类型高度混杂,居住、商业乃至生产等功能混杂于同一栋建筑物内等,但由于"城中村”独特的地理位置以及特殊的意义，改造“城中村”成为了许多城市发展中所面临的一大难题。从当前的研究来看，各地对于“城中村”改造也取得了一些经验，但由于各地在经济社会等条件的差异较大，所以还没有统一的模式可循。“城中村”作为一种特殊的村落，其改造的首要目的是整合城市建成区土地资源，打破城乡二元管理体制，实行城市一体化经营。在这个过程中涉及到政府、开发商、村民、规划设计师等利益相关者，涉及到土地、村民就业和保障等各个方面，和每一个村民的联系都很密切，但就掌握的信息数量和质量而言，政府和村民之间存在严重的信息不对称，拥有规划决策权和实施权的城市政府要远远优于村民，对于本该在其中发挥巨大作用的村民来说，实际发挥的作用可能连10％都不到。因此在旧村改造中，要尊重农户的选择，得到村委会以及村民的理解与配合，特别是在对土地的征用以及房屋的改造上，只有这样，各项城市规划条例、法规和政策才会切实可行，才能在保护和平衡各方利益的前提下，探讨更好的“城中村”改造方案。

(四)农村住宅建设

农村住宅建设是新农村建设的重点之一。农村住宅在农村具有重要的社会意义，不仅是农户经济水平的显示，也是农户在村中地位的象征，也正是因为如此，当前我国的农村住宅呈现出建设比较混乱的局面，这些一方面是由于农村对于住房建设管理的不足，另一方面也是我国的不同历史发展阶段造成的。在新农村村庄整治中，各地也采取了不同的方式来进行新农居的建设，有的省份采取了征集农村住宅方案的方式，有的省份出版了农村住宅的图集来指导农民进行新农村住宅的建设。但不管怎样，新农村的住宅建设一定要尊重农民的意愿，在农户的能力范围之内进行。新农村住宅建筑设计方案紧紧围绕“以人为本、以环境为中心”的理念，要做到“三个体现”，一要体现本地区特色和农村风貌，尊重地方文化特色、气候特点和生活习惯，尊重农民的生产方式和生活习俗，功能布局合理，造型新颖，不能贪大求洋，脱离农村实际；二要体现人与自然和谐共存的理念，吸取传统建筑精华，结合农村建筑的民间经验，符合农村实际；

三要体现国家新农村建设的政策导向，本着实用、经济、安全、美观和建设节约型社会的原则，适合农民的生活水平和建设要求，施工组织简便，具有较好示范作用和推广价值既要保证安全和质量，又要做到节能节材，节约资源，经济实用，使农民真正得到实惠。

(五)基础设施建设

基础设施建设是新农村建设和发展的支撑条件，同时也是当前农户最需求的公共产品，一些小的投入较少的基础设施的建设能够在村庄的发展中起到重要的作用，因此，在搞好群众住宅规划的同时，从方便群众生产生活的目的出发，社会主义新农村建设要对基础设施进行投入，包括要合理布设输水管网、输电线路、道路交通、生活生产通道、牲畜圈、厕所、沼气池等。

首先，要建设好“一条通道”，使进村道路柏油化，同时对村镇道路等级进行调整。

其次，要布置好“五大管线”，包括电力线、电话线、有线电视线、自来水管、雨水管，使新农村建设规划设施配套、功能齐全。

再次，要加强垃圾粪便无害化处理，提高污水处理能力。社会主义新农村规划要把农民建设公厕、建设垃圾处理设施和污水处理设施作为今后基础设施建设的重点，以着力改善群众生活环境。

第四，要加强农村能源供给，积极推广沼气，有条件的地方也可以推广太阳能的建设。

第五，要加强农村绿化建设。结合农田林网改造，在村庄外围增加经济林与防护林的建设面积。村庄内部要与外围大环境化结合成为有机网络，大力发展农村街道绿化、农户庭院绿化，提高村村绿化面积。在公共活动中心建设农村小公园，作为村民集中活动、休憩娱乐的场所。

1. 道路建设

村庄的道路级别可分为三级，一级为主干道，是汇集村内交通与外界联系的重要通道，也是联系主要公共建筑的重要通道，还是反映村庄人工

以农户为中心的能源替代的成效
——青海林业资源管理项目的太阳灶建设[①]

问题：

牙扎村的传统燃料主要是秸秆、煤、杨树枝和牛粪。90%的农户都缺乏燃料（尤其是在每年的6～8月之间）。村民们，主要是妇女们，每年平均都要花两个月的时间在村子周围寻找燃料。由于政府的退耕还林项目要将耕地变为农林复合地，这样就潜在地减少了可以用作燃料的秸秆数量。

所开展的工作：

作为参与式农村评估程序的一部分，村民们确定了对替代性燃料的需求并选择了太阳灶，因为太阳能是免费的。随后，管委会的成员调查了市场价格，与供货商签订了合同，购买并按照抽签的结果向村民们分发了太阳灶。县、乡的工作人员对整个采购过程进行了指导和监督，并在必要的时候提供了帮助。

2003年项目为村民购买了111台太阳灶——抽签决定农户名单；2004年省级政府部门为村民购买了60台太阳灶——分发给剩余的农户。

直接产出：

减少了村民对可以作为燃料的自然资源的依赖，灌木丛和其他的一些自然资源就有可能得到更好的保护；

78%的村民全年都使用太阳灶，而另外22%的村民只在夏季使用，目前太阳灶的主要用途是烧水、炒土豆、蒸馒头、做米饭和煮面条（时间集中在6月和7月左右）。

社会经济影响：

使用太阳灶而节省下来的秸秆可以用来喂养牲畜，牲畜的饲草增加；

①青海林业资源管理项目. http://www.qfrmp.com/case_cn_2.asp.

可以节省一些买煤的支出;

村民的分工发生了好的变化,妇女们采集燃料的工作减少了,可以节省两个月的采集薪柴的劳动时间;

做饭的时候不再烟熏火燎。

环境影响:

由于减少了煤和其他燃料的燃烧,排入大气的二氧化碳数量降低了(尤其是在6~8月之间);

使用太阳灶时不再烟熏火燎,做饭的环境更加健康;

减少对植被尤其是灌木的破坏。

景观的重要轴线;二级为次干道,是村内各片区间联系的通道,并将交通量汇集到主干道;三级为支路,是村民使用最为频繁的道路,它由主次干道直接通往各种建筑,联系各项用地。

(1)道路规划目标:村庄主干道建设符合消防规划的要求,道路通畅,村民进户便捷;所有巷道全部硬化、绿化,做到黄土不见天。

(2)道路布局:主干道一般设在村庄的中部,呈十字形或井字形布局,外与村镇公路相通,内与支路相接;支路一般垂直于主干道,设于各个街坊的边界上。田间路和生产路在村庄外围的农田间。

(3)道路宽度:主干道规划断面10 ~ 12米,满足消防要求。次干道断面宽度6~7米。支路断面宽度为3~4米,呈现枝状布置,完善路面质量,满足居民进户要求。

(4)路灯:为改变农村天黑不能进村的局面,要沿主要道路单向设置路灯,间隔为50米,同时也要考虑村内巷道亮化工程。

小投入，大回报——青海林业资源管理项目的田间道路建设[①]

问题：

牙扎村四周都是陡峭的坡地，田间道路情况很不理想。村民的耕地离村子很远，而且以前的田间道路只能走牲畜。所以在项目召开参与式农村评估研讨会期间，该村村民认为改善田间道路是他们需要解决的首要问题。

所开展的工作：

村民们认清这个问题并取得一致后，他们自己设计了一套解决方案。该方案的可行性经过了评估，之后他们做出了预算，选择了合适的设备，确定了最佳的供应商并采购了材料(在当地政府的支持之下)。在县、乡工作人员的协助下，牙扎村示范区管理委员会的村民们负责管理和监督道路的修建工作，并组织投劳安排。截止到2003年6月，该村共修建了13千米的田间道路，其中绝大部分是靠人力完成的。而到2004年6月，该村又修建了22千米的田间道路，建设过程中使用了推土机等设备。总投入约16万元。

直接产出：

● 现在，在通往耕地的主干道上，90%都是高质量的田间道路，绝大多数农户都可以把拖拉机开到自己的地头。村子与耕地之间的交通变得更加安全和快捷了。

● 村民的生产工具和技术已经发生了变化。自从道路修建开始后，村子里又新买了37台拖拉机，而且村民们减少了使用牲畜进行运输。

● 同时，在农业生产过程的特定环节上所花的时间有所减少。拖拉机的使用和更加快捷的交通将收割时间减低了29%。时间效率大大提高。由于管理的改善和恶劣天气对收成影响的减少，作物的质量也得到了提高。

①青海林业资源管理项目. http://www.qfrmp.com/case_cn_1.asp.

社会经济影响：

● 因为使用一台拖拉机的费用（100元/年——不包含维修保养的费用）要比喂养一头驴子的成本（960元/年）低得多，所以农户的年度费用下降了；

● 因为能够在生产过程中进行有效的时间安排，作物的质量也有所提高（天气的影响减少了）；

● 因为田间道路比以前平坦了许多，所以不论是用驴子还是用拖拉机运输，粮食的损失都减少了；

● 由于现在农业生产资料的运输方便了许多，所以村民们在较远的耕地上可以选择种植一些更好的作物品种；

● 劳动强度，尤其是妇女的劳动强度大大降低；

● 那些家里有拖拉机的农户的收入都提高了，因为他们可以去跑运输或者去打工来增加收入；

● 由于耕畜数量的减少，村民就有剩余的饲料来进行新型的生产，比如牛羊育肥。

环境影响：

● 耕畜数量减少了，对草场的破坏自然也就减少了；

● 田间道路的修建可能会引起土壤侵蚀，所以新的田间道路修好之后就要尽快进行植被恢复。

2. 管线铺设

各项管线的铺设是农村新时期文明化的标志，新农村建设不仅是民居的建设，也是城乡统筹发展的一个台阶。

近年来电力部门提出了："为农民、为农业、为农村经济服务"的电力"三为"服务，实现了农村村村通电，并且也在许多的地区实行了农电网的改造，农村供电的数量和质量已经有了很大的提高。随着社会的发展，农民对外的信息需求也有了很大的提高，电话和电视的进一步推广是农村进入新时代的标志。积极推进农业信息化建设，充分利用和整合涉农信息资源，强化面向农村的广播电视电信等信息服务。在农业信息化建设过程中，要通过政策规范和市场调节，整合全国农业信息资源，逐步建立具有开放性、实用性和权威性的农业信息系统。针对广大农村消费群体的特点，增加有针对性、高质量的信息服务。启动“金农”工程，利用农业系统已有的信息体系，建设覆盖全国县乡的农村信息服务网络。针对目前一些农村地区饮水不安全的问题，实施农村安全饮水工程，对保障广大农民群众身体健康和生命安全，改善农村人居环境，提高农村生活质量具有重要意义，同时也是新农村建设的重要任务。村庄中有池塘的，整治池塘的挡土基，改造农村的阻塞不通的排水沟，有条件的装上水泥管，彻底改变雨水季节或逢暴雨时村里到处积水的状况，结合道路修建的排水网的修建，可以改变农村的污水乱排现状，引导合理排水。

新华网北京8月30日电①　国务院总理温家宝30日主持召开国务院常务会议，审议并原则通过《全国农村饮水安全工程“十一五”规划》。

会议指出，实施农村饮水安全工程，是社会主义新农村建设的重要任务，对于保障广大农民群众身体健康和生命安全，改善农村人居环境，提高农村生活质量，加快实现全面建设小康社会目标，具有重要意义。党和政府对农村饮水安全问题高度重视，不断加大工作力度，各地干部群众自力更生、共同努力，到“十五”期末，已累计解决2.8亿多农村人口的饮水困难问题。

会议指出，目前一些农村地区饮水不安全的问题仍然比较突出，不少地方供水方式落后，局部地区饮用水严重不足。各级政府要把解决农村饮水安全问题摆到优先位置，加快实施饮水安全工程规划，让农民群众早日喝上干净水。

一要明确目标，突出重点。“十一五”期间要解决1.6亿农村人口的饮水安全问题。重点解决饮用水高氟、高砷、苦咸、污染及微生物病害等严重影响身体健康的水质问题，以及局部地区的严重缺水问题，优先解决人口较少民族、水库移民、血吸虫病区和农村学校的饮水安全问题。

①http://news.xinhuanet.com/politics/2006-08/30/content_5027161.htm.

二要防治结合,综合治理。切实保护好饮用水源,特别要防治采矿、工业等引起的污染。加强农村环境卫生综合整治,引导农民科学施用化肥、农药,搞好废污水、垃圾处理,减少面源污染。建立水质监测体系,保障供水安全。

三要因地制宜,注重实效。工程建设要充分考虑水资源条件,做好论证。有条件的地方可发展集中式供水,提倡饮用水和其他生活用水分质供水。加强水资源调度,合理安排生活与生产用水,优先保证生活用水。

四要建管并重,完善机制。改进农村饮水项目建设和管理办法,确保工程质量,落实管理主体和责任,提高资金使用效率,形成良性运行机制。农村饮水安全工程以政府投资为主,吸引社会力量参与,鼓励农民投工投劳,但要防止加重农民负担。要加强健康教育,宣传普及饮水安全知识,大力提倡节约用水。

3. 垃圾处理

彻底清除农村生活垃圾,关键是建立一个垃圾收集和运输系统。2005年,有关部门对全国部分村庄进行实地调查显示:96%的村庄没有排水沟渠和污水处理系统;89%的村庄将垃圾堆放在房前屋后、坑边路旁甚至水源地、泄洪道、村内外池塘,无人负责垃圾收集与处理。污水、垃圾治理是实现“村容整洁”、改善农村环境卫生条件的有效途径。各地应在政府提供必要支持的同时,广泛动员农民自主参与,投工投劳整治排水沟渠、修建垃圾池,露天粪坑、旱厕、村民户厕全部改造成三格式无害化卫生户厕。按照标准配建公厕,沿街配置适量果壳箱,进行宅前院后排水边沟整治与垃圾清理,使污水能够由农户汇集到主要沟渠。村办企业对现有污染企业和新上的污染企业应相对集中,对三废物质做到达标排放。兴建农村标准化垃圾箱,清理房前屋后垃圾,垃圾能够由农户集中到垃圾池。垃圾收集采用“每户分类—村集中—镇中转—县处理”的模式。村庄内设置垃圾收集点,镇(乡)和较大村庄可考虑设置垃圾转运站,垃圾分类密闭集存、密闭贮运至城镇垃圾处理场,统一进行无害化处理。厂区、养殖区及卫生站等可设置独立垃圾收集点。医疗废弃物应另行处理,以杜绝流行性传染疾病的传播。同时通过宣传，让农民养成卫生习惯，以及垃圾分类、不乱扔垃圾的习惯。

4. 沼气建设

新农村以沼气池建设为纽带，把养殖业、能源建设和种植业有机的结合起来，带动农村种养业和生态卫生村建设。沼气池沼气液用于种植业的浇灌和养鱼，沼气渣用作大田的肥料，沼气用于点火保温、煮饭，既经济又卫生，形成良性循环。到2005年底，全国农村户用沼气池总量达到1 700多万户，规模化畜禽养殖场沼气工程2 500多处，大幅度增加农村沼气建设投资规模，有条件的地方，要加快普及户用沼气，支持养殖场建设大中型沼气。通过修建沼气池这种生态模式，改变农村人畜共厕的状况，修建卫生厕所，改善农村的居住环境，同时还可以节约煤炭资源，减少农民的开支。

5. 绿化建设

新农村绿化规划总体思路是：以路网为主线，结合庭院、公共活动中心、垃圾死角的绿化改造，在入口等适宜的地方建造一些小型特色点状绿化，形成点、线、面相结合的绿色网络布局。绿化建设应该与村民的风俗习惯相结合，创造特色与自然条件相结合，因地制宜，反映出村庄的特色。同时在植物的选择上也宜多样化，而不是单一化。笔者在一些地方也看到过一些村子，路的两旁是统一的植物，就连房前屋后的绿化种类也比较少，虽然很整齐，但使整个村子显得不活泼，缺乏了生气。

（六）公共设施建设

村庄内的公共建筑包括行政办公、文化科技、商业服务、医疗卫生、学校、托幼等设施。根据村庄的规模和条件，一般可按每个设施3～4 米^{2}限额控制占用。村庄公共建筑用地要尽量集中于村庄中部，形成公共活动中心，既能形成一种标志景观，又能方便村民使用。以行政办公、文化室、图书室、集中活动场所为主的公共活动中心要布置在村庄的中心，有利于村民的集体活动。有条件的农村设立老年活动中心和青年活动中心，为村民休闲、娱乐创造良好的环境。公共活动中心规划形成良好的人工景观，与之相连必须是村庄内的主街和其他的大型公共设施，村落中的次干道和支路也要与公共中心有方便的交通联系。有的村庄设有集市，集贸设施用地的选址应有利于人流和商品的集散，并不得占用公路、主要干道、车站、码头、桥头等交通量大的地段。影响村容环境和易燃易爆的商品市场，应设在村庄的外围，并应符合卫生、安全防护的要求，集贸设施用地的面积应按平集规模确定，非集时应考虑设施和用地的综合利用，并应安排好大集时临时占用的场地。要重视村庄内的大型公共设施如村民活动中心、医疗卫生服务中、文化活动中心、教育设施等，使这些公共建筑的质量和外观形成新农村现代化的风貌。

山东省财政拟拿出 1 500 万元补助村庄规划整治①

近日从省建设厅获悉，以建设社会主义新农村为契机，今年山东将加大对农村“路水电医学”的投入，全省将改造农村道路 8 000 千米、中小学危房 100 万米^2，自来水普及率达到 70%。省财政还准备拿出 1 500 万元，对村庄规划和村庄整治试点进行补助，市县两级同时按比例配套。

建设社会主义新农村规划先行。目前全省城市规划区外的 7.7 万个村庄中，有 1.7 万个从未编制过规划，4.9 万个村庄的规划已经过期。根据安排，2007 年要完成建制镇规划，2008 年以前完成中心村规划的编制，要特别重视沿边、沿路和沿河地区的村庄规划建设，尽快改变我省鲁苏边界等地区村庄的落后面貌。目前全国千强镇我省只有 49 个，而且排名较为落后，要按照工业向园区集中、农民向城镇集中、居住向社区集中的原则，提升小城镇的产业集中和人口集聚功能，发挥其在农村城市化进程中的拉动作用。

据了解，村庄整治的着力点将放在改善农民生活条件上，引导和推动农村地区逐步实现居住社区化、厕所水冲化、厨房燃气化。整治后的村

①http://news.xj.soufun.com/2006-2-16/639809.htm.

庄，要努力达到村容整洁、路面硬化、饮水达标、厕所卫生、塘渠清洁、垃圾收集、住房适用、设施配套、村风文明的目标。省里考虑，要把现有的全国重点镇和省级中心镇全部作为试点镇，从东中西部选出 1 000 个中心村作为试点村，分期分批有步骤地开展试点工作，通过几年的努力，建设改造成布局合理、经济繁荣、设施配套、环境整洁的生活社区，省政府将制定标准，对考核合格的村镇授予相应的荣誉称号。村镇改造不搞强迫命令，要考虑农民的承受能力和实际需要，充分利用现有的房屋和设施，改善农民最基本生活条件。对将来要逐步撤并的村庄，公共财政和村民不进行大的投入，避免造成浪费。

村庄建设规划

养殖小区一角

村庄池塘整治前后对比

街道整治前后对比

(七)生态环境建设

新农村“村容整洁”的一个主要内容是生态良好。在新农村建设中,“村容”的概念不应该被限制在村庄本身,周围的生态环境也应该属于“村容”的范围。生态环境作为农村可持续发展的必备条件具有重要的意义,特别是在一些山区的村庄,其更是和周边的生态环境密切相关。中共中央在《国民经济和社会发展第十一个五年规划纲要》中明确提出:加强农村环境保护,开展全国土壤污染现状调查,综合治理土壤污染。防治农药、化肥和农膜等面源污染,加强规模化养殖场污染治理,推进农村生活垃圾和污水处理,改善环境卫生和村容村貌。禁止工业固体废物、危险废物、城镇垃圾及其他污染物向农村转移。在村庄整治的过程中,提及生态环境的建设,首先是村庄内部的环境建设,在上面的基础设施建设中提及的垃圾的处理、沼气的建设以及绿化等就是指的村庄内部的环境建设,其次是村庄的外部环境,包括周边的森林、水域的保护等。在新农村建设的“20字方针”中对于生态环境建设的目标没有具体提及,因此在“村容整洁”中应该把村容的概念扩大到村庄外部的生态环境中,而不仅仅是村庄内部的环境建设。

村庄外部环境建设是保证村内环境以及村庄可持续发展的重要因素,在新农村建设的其他几个方面中(如生产发展中),也要综合考虑农村的生态环境，特别是对于那些存在水土流失以及“三化”现象严重的农村，对于产业的发展一定要保证生态环境的可持续，否则，新农村建设只能是一种短期的“泡沫”。

农村生态环境现状①

国家环境保护总局自然生态保护司农村处

乡镇工业造成的环境污染逐年增加。目前，乡镇工业化学需氧量、粉尘和固体废物排放量占全国工业污染物排放总量的比重均接近或超过50%，已经成为环境保护的突出问题和影响人体健康的主要因素之一。

畜禽粪便污染呈加剧趋势。规模化畜禽养殖场绝大多数没有相应的配套耕地消纳其产生的畜禽粪便，形成了比较严重的农牧脱节。

农村及城镇生活污染日益突出。城镇生活污水处理设施建设严重滞后，绝大部分城镇的生活污水未经处理而直接排入河道，成为农村内河水污染的主要来源。大多数村镇没有无害化垃圾填埋场，生活垃圾被随意抛弃在河塘或低洼地，不仅影响环境卫生，而且造成河道淤积，污染水体。

化肥、农药以及地膜污染危害加剧。化肥流失加剧了湖泊和海洋等水体的富营养化，造成地下水和蔬菜中硝态氮含量超标，影响土壤自净能力。农药污染破坏生态平衡，威胁生物多样性。农膜残片难以自然降解，影响土壤的渗透性，造成粮食减产。

农作物秸秆焚烧或废弃污染严重。大量的秸秆被焚烧或抛弃于河湖沟渠或道路两侧，浪费了大量的资源和能源，污染大气和水体，影响农村的环境卫生。

①http://www.enviroinfo.org.cn/Agriculture/Pollution_and_Pollution_Control/f041804.htm.

五、村庄整治中要注意的问题

建设社会主义新农村是一个长期的过程,同样开展村庄整治、实现村容整洁也是一个长期的过程。目前各地都已经开展了村庄整治工作,并且已经取得了一些经验,但同时也存在一些教训。在当前我国农村建设的现状下,村庄整治工作应该本着"以人为本、合理布局、适度超前、城乡统筹、总体规划、分步实施"的原则来进行。同时在这个过程中也应该注意以下问题。

(一)尊重农民的意愿

首先,要按村民意愿和要求办事。实现村容整洁,首先要把好事办好、实事办实,关键在于坚持为农民服务的思想。要充分尊重农民选择,以农民愿意不愿意、高兴不高兴、赞成不赞成作为衡量开展工作的主要标准。村容整洁工作要取得广大农民的支持,必须坚持为农民服务的思想,统筹兼顾农民的承受能力与实际需要,走充分利用已有基础、改善农民最基本生活条件的路子。相反,超越农民的承受能力,搞大拆大建、盲目追求高标准,或者不考虑农民的实际需要,搞华而不实的形象工程,都不可能赢得农民的支持。

其次,要从解决农民最急迫、最直接、最关心的实际问题入手,让农民得到实惠。当前,农村人居环境还比较差,面临的问题很多,在解决上也存在轻重缓急的不同。在村容整洁项目的选择与实施上,必须广泛听取农民的意见,充分考虑农民的传统习惯和生活生产需要,根据农民的实际需要来决定是否开展,根据农民需要的缓急程度来决定项目的实施顺序,同时兼顾项目之间的内在联系。对于农民一时还认不清、看不明的一些重要项目,先搞试点、示范,通过实实在在的例子,让农民逐步理解和接受。

中央财经领导小组办公室副主任陈锡文22日在国务院新闻办举行的新闻发布会上说,最近一段时期有些地方提出建设农村的小社区,把一些村合并到一起,涉及农民要搬家、老房子要拆掉建新房,这种现象在各地差别很大的情况下不能一概而论、推而广之。

陈锡文表示,这些做法应当考虑到,有没有这样的经济条件,农民会不会因此受到财产方面的损失,或者加重负担,或者让村集体负债更多?如果确实有经济条件则另当别论,如果没有经济条件,可能就是强迫命令了。

“即使有经济条件,也要考虑到法律赋予农民的权利。农民的宅基地是依照法律规定审批给他长期使用的,往往农民就在他的宅基地附近还有承包地,如果都并起来,有些地方可能要收去给别人使用,这涉及到一系列的法律问题。”陈锡文表示,这样做必须符合法律程序和规定。

“我看到一些地方建了十几层或者二十几层的高楼,农民坐电梯上下楼,拿着镰刀、锄头,很不方便。另外农民可能还有一些秸秆等要堆放,有的还要养家禽、家畜。”陈锡文说,农民的居住条件要体现农业特色、农村特色,要方便农民生产生活。所以新农村建设一定要让农民得到实惠,如果新房建完了很漂亮却不方便,农民不会满意。①

背景:北京郊区某镇拟将某社区作为新农村建设试点,对此,镇政府和村书记拟对该村拆旧建新,并将节约下来的土地用作房地产开发。下面是不同的主体表现出的几种态度。

镇政府:争取在5年内在该村拆旧建新,建新居,并进行房地产开发。

村书记:5年拆不下来,以后的发展方向应该这样。这5年可以留片地开发房地产,愿意买房的可以去那里买。估计拆旧建新要20年,等20年后,现在修的新房都成旧房了。现在给将来统一留片地,谁以后愿意建房就到那里建,但必须建二层连体小楼。

①http://news.sohu.com/20060223/n241968963.shtml.

一刚修新房的中年妇女：搞房地产开发可以，但是不要拆我们的房，我的房花了七八万修的，现在给我拆了，让我补贴钱去买新房，是啥道理！家里还有地，要是住进那种连体高楼，也不可能，一身都是泥，还有锄头这些东西，拿上拿下也不方便。再说我们这里冬天要供暖，那种高楼要统一供暖，以后这个钱谁出？让老百姓出，老百姓哪里能像城里那么出。要是自家的房子能解决就节约，不用掏那么多供暖的钱了。那种高楼给上班的年轻人住还可以，我们这个年龄段的人都种地，不适合住那种楼，书记说的留地修二层连体小楼的方式还可行。

一位老年人：我愿意住我那旧房，夏天凉快，冬天也费不了多少煤。住高楼爬上爬下，我儿子当老师，住的就是那楼，我去住了几天，不习惯，屋里空气也不好。

另外三位老人：住二层的连体小楼还不错，要是住高楼的话，劳动不方便。

再次，要发挥村民的参与作用，加强村民理事会对村容整洁的实施组织和管理。这样既充实了村庄事务的组织管理力量，解决了基层组织力量不足的问题；还畅通上情下达与下情上达渠道，使决策和管理更加透明、民主，村民表达意见与诉求更加便捷，调动了村民参与的自觉性和积极性；为村民维护合法权益提供了制度保障，为落实群众监督提供了有效途径，为村庄公共设施的长效管理提供了组织基础。

最后，新农村建设要试点推行。要积极组织引导，通过试点示范带动，把村庄建设变成每一个村民的自觉行动。每个乡镇每年可以选择一两个村作为试点，把交通、电力、广电、卫生、水利等方面的投入集中起来，加强对试点村道路硬化、饮水安全、有线电视等生活基础设施建设，同时加强对群众建房、改房等方面的指导以及环境卫生方面的管理，使农民的生活居住环境得到迅速改善。试点搞好后，可以组织群众参观，通过鲜活的事实引导全县群众自觉模仿学习。这样，通过几年的努力，全县农村的面貌就一定会有较大的改观。

(二)避免几个误区

第一个误区是大拆大建。村庄整治是新农村建设诸多内容中最容易见成效的,也是其他方面取得成就的基础、条件,但又是最容易造成偏差的环节。而且由于它是一种整治和建设行为,一旦造成偏差,就难以弥补。那么,什么样情况下,才需要对村庄合理地重新进行规划合并迁建?一是近郊村庄的自然形态已经消失,没有值得保护的古迹了;二是原来因为错误的规划,导致农民多次迁移,至今仍未确定永久定居点的;三是农民本身生活已经转变,这些近郊农民大部分已经不务农,生活方式已经是城里人了。只有这几种条件并存的情况下的村庄,我们才可以采用并村的办法来进行改造。

第二个误区是大包大揽。村庄整治,应该是村民自主、自愿、自立,自我组织、自我觉悟、自我改造的过程。因此,在村庄整治过程中,我们所确定的规划、采取的措施和扶持项目要考虑是不是农民需要的,是不是受农民欢迎的,能不能让农民得到实惠,要按农民的意愿办事。如对村庄整治,有的要求辟出一个大广场,来证明这个部门的投资是有效的;或者搞一个很大的、毫无意义的文化场所,农民还付不起维护费;有的村庄甚至是历史文化名村,却在村中心搞一块大草坪。这些都是毫无意义的。农村本身就接近自然。农村到处是空地,哪还需要建什么广场去体现这个功能?!这是城市人带着自己的眼光去要求农村,这是花了钱造了不应该造的,而且破坏了村庄原有的历史风貌的格局。

还有一个显而易见的错误是"条条"有投资,农民无需求。如有一个村100户人家不到,居然有12个各种各样的活动室,民兵有民兵的,党员有党员的,然后还有什么多种经营活动室等等。按照农民的意愿,合并成一个就行了。但是每个部门"条条"都有钱,都要往下延伸,都要留下"支农"痕迹,这样就不是整治,而是折腾了。此外,有些部门有钱,但这些钱都是指定用途的,买醋的钱不能买酱油,"一个萝卜一个坑",结果在农村建了不需要建的,缺了农民急需的。

第三个误区是贪大求洋。盲目地追求村容的整齐划一,盲目地要求建房的楼层数,盲目地克隆城市的广场、草坪、运动场等,这些都是贪大求洋,把城市里的形象工程搬到村庄里去的表现。反过来说,现在整治得比较好的村庄,都是突出了村民自主决策、农村劳动力众、整治途径多等特点。正确的整治方针体现在老百姓的一句话"与城市错位进行整治、进行建设",城市里有的景观,就坚决避免,村庄就是土生土长的,小庭院爬满了丝瓜、南瓜,长着城市里看不到的农作物,反而取得了出乎意料的好效果。

第四个误区是急功近利。我们确实有传统的突击运动的不良习惯,也有干部任职期限较短造成的种种弊端。这些因素汇聚起来就会使我们的干部容易犯急躁病,急躁就会冒进,冒进就会使整治的效果大打折扣,造成历史的遗憾。从农民这一方来看,要改变上百年的习惯有一个过程,要有一个实惠、可行的示范引导的过程,是急不得的。改造农村的环境,也要量力而行,滚动发展,要年年迈小步,年年不停步。筹集改造的资金更要分步走,要积少成多,集腋成裘。

(三)村庄整治必须做到五个"先行"

第一,编制村庄整治规划和落实管理机构要先行。没有规划的村庄整治,就是瞎整治;不编制规划的建设,就是乱建设。所以,我们一定要认真科学地编制好规划。规划一定要尊重自然,因为村庄是与自然相依为命的;要尊重历史的传统文化,只有文脉的延伸,才能带来村庄的活力;要尊重普通农民的利益和愿望,不能用城里人的观念来编制农村规划。好的村庄整治规划和实施机制,就要适度超前编规划,量力而行搞建设,先易后难来整治。规划要适度超前,因为规划要管十年,甚至管永久。

第二,历史文化名镇名村评选要先行。在大整治过程中,一是要抢救性保护不可再生的文化遗产资源。二是要弘扬传承优秀的历史文化,丰富农村的多样性。三是要增加农民的收入,发展无烟产业,推动地方经济的发展。要搞好历史文化名镇名村,首先一条是每个县、地市、省都要建立名镇名村的评选机制。另外,一定要编制好历史文化名镇名村保护的规划,在整治规划中一定要突出保护历史风貌,防止有历史价值的建筑和体现传统风貌的村落被拆毁。文化遗产的保护要讲究整体性、可持续性、原真性。

第三，自下而上明确整治重点的工作要先行。农民是非常朴实的。如江西省赣州市的农民提出“走平坦路，饮干净水，上卫生厕，用沼气炉”。根据农民的意愿，赣州市委提出了“三清三改”。但在整治之前，定下“几个不”更为重要。像赣州市提出来的“不劈山、不砍树、不填池塘河流”，后面还要接上去，“不拆优秀的传统文化建筑”、“不破坏历史文化名镇名村的风貌”、“不改直道路”、“不截弯河道”。这“七不”应该是选择村庄整治项目的底线。

第四，确立长期行动计划和试点示范要先行。村庄整治本身是开创性、探索性的工作，是紧密结合实际为农民创造利益的工作，同时也是一项长期的工作，因此，不能像过去那样突击刮风，从上到下高压下去。要做好中长期整治计划，搞好试点示范工作。

第五，形成部门联动、上下反馈的制度要先行。我们现在苦于许多单位各吹各的号、各下各的令、各拨各的钱，令出多门，农民难以适从。所以在整治过程中，要形成下情上达的信息渠道，时刻听取农民的意见，形成纠错的机制，这点尤为重要。我们过去有许多运动出发点是好的，但搞到半路就出问题了，一个小的决策错误到了基层就放大成一个大错误，如果得不到准确的反馈信号，周而复始就形成恶性循环，到那时再纠正就困难了。

（四）整治过程中要同步建立五种新机制

整治的过程中要及时建立“农民自主整治养护、多方持续帮扶”等多种长效机制。因为村庄整治的过程不仅是一揽子的整治项目，更重要的是要建立一种新的农村公共品提供的机制。为什么城乡的差别会越来越大？因为城市有集中的二三产业、高额的税收，有强有力的组织领导，有成熟的市场机制与国内外投资，而农村恰恰没有形成这样一种公共产品的提供机制，所以才有盖新房没有新貌，才会出现生活环境条件越来越恶化的问题。要在整治过程中创建新的机制，从根本上来弥补现在农村面临的种种公共品短缺。

首先，要建立农村基础设施、公益事业改造维护的长效机制。要通过农民自立，村庄自治，村民自筹，上级补助，乡规民约管理，理事会决策，公开账目，让农民相信这次村庄整治是完全为了他们的利益，为了农村、农民、农业的复兴。这不仅涉及村庄公共品的提供，而且还涉及到每个农民家庭生活条件的改善。正如湖州经验所介绍的要通过村民自治达到"七有"那样，村庄整治过程中要实现有"目标、制度、队伍、经费、督查、奖励、无害化垃圾处理"。

第二，要建立统一规划、各方参与、城乡联动、持续帮扶的长效机制。要加大政府支持和帮扶力度，协调好村内村外的公共设施建设。调整国民收入分配格局，使公共财政更多地向农村地区倾斜，公共物品更多地为农村地区提供，基础设施进一步向农村地区延伸，公共服务更多地为村庄治理提供支持。要将村庄规划和治理试点纳入各级政府公共财政的支持范围，安排资金支持编制村庄规划，以实物形式为主向村庄整治提供水泥、钢材、墙体材料及其他新型建材。组织和动员社会力量关心和投入村庄治理，鼓励和引导社会资本特别是工商资本参与新农村建设。当前，要做好公共设施和基础设施建设、生产和生活基础设施建设、村外与村内基础设施建设的全面协调，为"村村通"工程提供依据和服务。优先解决村外网络化的基础设施建设，关系农民安全生存的基础设施建设，安排兼顾生产和生活的基础设施建设。城市支持农村，工业反哺农业，其实是城市政府和企业反哺"三农"。这除了传统的筹资机制以外，还要发动鼓励政府机关、企业帮扶农村，比如"一企一村"、"一局一村"长期帮扶，防止短期行为"打一枪换一个地方"。韩国就有这方面的经验。如三星公司有 30 多个子公司帮扶了 195 个村，去年一年的投入相当于人民币 4 000 多万元。各部门和企业应有钱出钱、有技术出技术、有物资出物资、有信息出信息，促进整治、促进发展。

第三，要建立村庄整治从规划、建设到管理上下联动、左右协调的协同机制。城乡规划应成为一个完整的过程，要实行规划编制一张图、审批一支笔、建设一盘棋、管理一个法。一方面通过规划的编制，建立一种机制，把规划、建设、管理和整治有机糅合在一起，而不是零敲碎打；另一方面要通过规划来捆绑各种渠道的资金和物资，投到关节眼上去，投到刀刃上去，让有限资金发挥出最大的效益，而不是“天女散花”。要通过规划明确“七个不”的底线是不能侵犯的，要注意保护好各类不可再生的资源和节约搞整治。要运用规划统筹城乡协调公共品的提供和优化服务，如垃圾、供水、公交等，这些都要通过规划来统一协调。

第四，要建立长期稳定的城乡财政转移支撑的投入机制。城市支持农村，工业反哺农业，是一个规律性的大趋势，是农村工作创新性转折，这就必须要通过建立制度来落实。对农村的公益事业、公共服务设施的建设和营运等问题，不可能通过市场机制一步到位来解决。市场机制是从城市发源的，许多在城市都无法实施的市场机制，要在农村去实施，近期是难以办到的。市场机制也是一种经济文明，也有一个从城市到农村逐步扩散的过程。所以我们不能苛求农村能立马引进市场机制。

第五，要建立科学、稳定的、分阶段的奖励评价机制。这方面做得好的单位一般都把资金进行捆绑，然后以奖代拨、以补促投，以政府的补贴来促进社会的投资，发挥“四两拨千斤”的作用，不能沿用老的体制。

村庄建设要讲“三个注入”[①]

社会主义新农村建设，内容是多方面的，绝不能把新农村建设简单地等同于新村庄建设。不过，新村庄建设（绝大多数是村庄整治和改建）毕竟是新农村建设的一项重要内容，而且在很大程度上说，新村庄建设是整个新农村建设的重要载体。在新农村建设中，不失时机地规范村庄整治和改建工作，不仅事关新农村建设的全局，而且涉及耕地保护、环境保护、文物保护以及文化建设等多个方面的工作。

在笔者看来，新村庄建设一定要讲“三个注入”。所谓只讲“一个注入”，就是一些农村干部在村庄整治和改建问题上只讲物质注入，只强调投入资金、人力、物力。很显然，如果只讲“一个注入”，难以避免和纠正浪费土地、破坏环境、损毁文物等行为，难以形成地方特色、体现乡

①罗天柱．村庄建设要讲“三个注入”．农村工作通讯，2006(8)．

土气息。所以，村庄整治和改建，除了注入资金、人力、物力之外，还必须注入人文精神和田园文化。

注入人文精神，首先应强化合理、节约用地理念。无论是旧村庄整治、改建，还是新村庄选址、建设，都必须把节约用地、不占用耕地放在首位。注入人文精神，还必须强化保护生态、保护文物理念。

注入田园文化，是提升村庄整治和改建水平的必然要求。在一定意义上可以说，没有文化含量的村庄建设，就不是新农村建设意义上的村庄建设。有些地方的规划和建设，毫无文化底蕴和品位可言；有些地方的规划和建设游离了田园文化，体现的是一种不伦不类的文化。盲目效仿城市建设的人文景观，犹如一个人带着草帽、穿着布鞋、扎着麻绳，却打着领带。破坏了文化基调和氛围上的和谐统一。搞得洋不洋、土不土。看景观不顺眼，看建筑不实用。应该明白，田园文化和城市文化只有风格不同，没有贵贱之分。都市女郎款步行进于公园中是一种美，农家姑娘赤足走在田埂上也是一种美。村庄整治和改建，要的效果就是"赤足走在田埂上"的那种美。

注入田园文化，一是要体现在总体规划上。要结合村庄及周边山地、耕地、水系等自然要素，设计体现田园文化的总体布局，并且尽量搞成一村一品，各具特色。二是要体现在建筑风格上。当然，这样做绝不是说可以搞得土里土气，而是要使新村庄的各种人文景观与农田风光协调一致，要使房屋等建筑适应农村生产生活的特点，做到既有景观效果，又方便生产生活。

烟台大众网 5 月 30 日讯（通讯员 常健 记者 马敏） 今天，记者从烟台市财政局获悉，烟台市出台《烟台新农村建设规划整治资金奖励补助办法》，对从 2006 年起进行村庄规划整治，并达到市级标准的村庄进行奖励。

据了解，该办法规定，今年全市计划奖励 500 个村庄，奖励标准分别为大村9万元、中村6万元、小村3万元。全市共安排奖励资金2560万元，其中烟台市级财政安排1 000万元，其他县市区根据2005年地方财政收入和农民人均纯收入情况确定配套比例。莱山、开发区、蓬莱、招远、莱州、龙口六市区按1∶2的比例配套，其他县市区按1∶1的比例配套，力争经过3～5年的努力，全面完成村庄规划整治任务。①

本讲小结

村庄整治是实现新农村建设村容整洁的主要措施。在对村庄的整治中，首先要高标准的编制村庄整治规划，只有这样才能对村庄进行有效的整治。在对村庄整治中，要因地制宜、突出特点、量力而行，着力改善农民生产生活中最迫切最直接的生产生活条件，根据村庄实际条件有步骤、有重点地逐步推进，同时将整治重点放在设施配套和人居环境改善上，有效促进城市基础设施向农村延伸，城市公共服务向农村覆盖，提高村民的居住生活质量，改善农村的生态环境，丰富村民的精神文化生活，塑造宜人的农村人居环境。

附 创新机制：创旧村整治新模式②

江西省高安市八景镇党委、八景镇政府

江西省高安市八景镇蔡家村在镇党委、政府的引导和支持下，坚持“党员干部带头、群众自己动手、建设美好家园”的原则，高起点、高标准、高要求进行旧村改造，现在的蔡家村房屋成排、果树成荫、道路成网、排水畅通、人畜分开，户户沼气，村庄古朴典雅，民风淳朴向上，呈现出社会主义新农村的崭新风貌。江西省委书记孟建柱、建设部部长汪光焘等领导

①http://yantai.dzwww.com/xinwen/ytxw/ytsz/t20060530_1543835.htm.

②http://www.cin.gov.cn/cxjs/ml/060705.txt.

先后视察了蔡家村，对蔡家新农村建设模式给予了高度评价和充分肯定。

一、凝聚村庄整治的共识

农民群众是村庄整治的主体。镇党委、政府在村庄整治中，牢固树立“一切为了群众，一切依靠群众”的思想，坚持正确引导蔡家村群众，向群众讲明白村庄整治能给他们带来什么好处，以及他们在村庄整治中有怎样的权利和义务，让群众明白为什么干和怎样干，将“要我干”变为“我要干”，自觉自愿地成为村庄整治的主体。为了进一步发挥广大村民的积极性和创造性，在整个村庄整治过程中，始终坚持维护群众的知情权和参与权，凡是创建中遇到的问题都如实地告诉群众，凡涉及到群众利益的事情都由群众讨论决定，同时，坚持“边建边用”，让村民及时见到成效，并发挥党员干部示范引路作用。这些行之有效的方法，使农民学有榜样、干有奔头，改造村庄面貌的积极性空前高涨。在旧村改造拆迁工作中，村党员干部带头拆掉自家的旧危房，干部走在了前头，群众也全都纷纷动手，在不到半个月的时间内，村内所有旧房、危房、影响规划的建筑物全部得到拆除，共拆除 3 000 多米^2。争取旧村改造建设资金是一大难题，该村改造建设资金坚持多方筹集的原则，采取镇政府补一点，群众筹一点，单位帮一点，上面争一点，资金难题迎刃而解，共筹资 40 多万元。

二、落实整治规划的重点

为了使蔡家村旧村改造顺利开展，我们多次召开座谈会、群众大会，倾听群众的建议和想法，通过调研明确提出了以改善人居环境为突破口，以提高农民素质和生活质量为根本，以“经济发展、生活富裕、精神充实、环境良好”为主要内容，努力实现人的全面发展和农村经济社会全面进步的总体要求。为此，我们始终坚持以农民群众的根本利益为出发点，坚持以人为本，规划高起点，建设高要求，确定了“因地制宜、尊重现状、保护环境、提高质量、改善生活”的旧村改造原则。高安市城乡规划设计院完成《高安市八景镇上保蔡家村规划》。我们多次召开群众大会，公布村庄改造规划，群众纷纷表示，旧村改造是提高自身生活水平的大事，值得出钱、出力、出物。在旧村改造过程中，我们严格招标程序，严格施工人员资质，严格加强建设过程中的管理。建设过程在保留原有建筑风格的基础上，村内亮化，地面硬化，房前屋后绿化和村内净化。先后投资 40 余万元，共粉刷装饰外墙 16 839 米^2，硬化道路 17 条，面积 4 570 米^2，铺草 17 050 米^2，栽植果树 639 株，新建排水沟 2 170 米，硬地铺装 190 米^2，建乔木池 161 个，61 户全部安装了有线闭路电视，通了自来水，集中建设牛栏 34 幢，面积 409 米^2，新建公共厕所一座，面积 42 米^2，修葺消防池一座，面积 1 600 米^2，新修仿古式文化活动室一幢，面积 126 米^2，购置科教音像器材一套、科普图书 900 余册。村庄整治进一步推动了文明新村建设，呈现出“村在林中、果在村中、屋在景中、人在画中”的新景象。

三、注重提高农民的素质

我们在开展旧村整治改造中，牢牢把握了这个核心和灵魂，不仅注重了农民群众生产、生活硬环境的改善，而且更加注重人的科学文化素质和思想道德水平提高，为此，我们从三个方面入手：一是突出抓好村民的道德教育。修改完善了《蔡家村村规民约》，编印发放了蔡家文明村标准，同时，组织村民代表召开专题座谈会、民情恳谈会，邀请政法部门进村讲解法律知识，增强了村民的道德素质和法律意识。二是着力抓好阵地建设。建成了蔡家村精神文明活动中心，包括图书阅览室、文体娱乐室、党员（科普）活动室，开通了有线电视，健全了红白理事会、道德评议会、禁赌协会、人民调解委员会等群众自治组织，定期组织人员为群众进行科技知识讲座，组织群众观看科教片和法律宣传片，增强群众的法律意识和科学种养的能力。同时，镇农村电影放映队和社区文化娱乐队，免费为群众送上精神快餐，活跃了群众的业余文化生活。三是认真开展创评活动。在村民中大张旗鼓地开展“文明户”评比表彰活动，理事会人员定期对农户家中卫生进行检查，检查结果在村内显眼处张贴。年终根据评比检查结果、村民投票情况等评选出“文明户”，在全镇总结大会上予以表彰，以此带动广大村民讲文明、守纪律、尊老爱幼、关心邻里，增强村民的主人翁意识和家园意识。实践表明，蔡家村的旧村改造，不仅极大地改变了农村落后的生产生活方式，改善了农村人居环境和生态环境，而且使农民群众在生动具体的实践中进一步提高了思想道德素质、科学文化素质和健康素质，提高了自我教育、自我服务、自我管理的本领，提高了勤劳致富、科技致富的能力和关心生态、保护环境的自觉性，从而促进了该村经济社会的全面发展。

四、创新长效管理机制

整治是旧村改造全过程中的一个重要环节，而管理是守住成果的关键。如何让清新亮洁的好环境保持下去，我们确定了一套遵循市场经济规律，突出农村村民自治管理和村民参与的行之有效的管理办法，首先，制订了《蔡家村长效管理办法》和《村民文明公约》，通过人与人比谁文明，户与户比谁卫生等多种形式的评比活动，使讲卫生、讲文明、保护环境、爱护绿色家园的氛围在村民中永存。其次，加强对村内环境卫生、绿化等方面的管理。通过定人员、定工资、定职责、定奖惩的"四定"管理模式，聘请了一位保洁工和一位绿化管理工，上岗人员直接与镇政府签订责任状，基本工资由村里发，奖惩由镇政府实施。有了保洁工和绿化管理工，虽然增加了村里的一些支出，但绿化的成活率得到了保障，环境净化得到了保证，村里到处呈现出一派生机盎然的景象。

蔡家村旧村改造整治工作的扎实开展，有力地推动了蔡家村全面小康建设，村庄内初步实现了道路畅通、庭院净化、绿化、美化，带来了人居环境、群众精神面貌和党群干群关系的新变化。

(1)村容村貌明显改善。蔡家村过去脏、乱、差，现在是净、齐、好，突出表现在：路好走了，过去出门走的是烂泥路、尘土路，现在走的是水泥路，村民进出方便，摩托车、自行车可以直接骑到家门口；垃圾没了，过去垃圾到处是，苍蝇、蚊子满天飞，现在垃圾没了，猪、牛、鸡粪也没有了，苍蝇、蚊子也少了，村民身体好了，疾病相对也就少了；空气好了，过去村子内霉味浓，臭味多，现在通过栽花种草，整修排水沟，臭味消失了，村内处处鸟语花香；房更美了，过去住的是危房、旧房，经过改造后的房屋不仅外表美观，而且住得舒适卫生，村民精神面貌焕然一新，文明意识日益浓厚。

(2)文明新风得到弘扬。改造前的蔡家村民由于缺乏正确的引导，自我主义思想较浓，卫生意识差，生活习惯原始封闭。垃圾乱倒乱扔，牛、猪随意敞放，乱建牛、猪栏舍，乱搭茅厕等不文明行为时有发生。通过文明村建设的引导，村民的多种不良生活习惯得到了彻底的改变，清扫的垃圾能主动入池，统一清理，并且实行人畜分居，统一建栏，牲畜统一管理，旧村改造过程中，该村还进一步实施了沼气工程，家家安上了沼气，解决燃柴做饭既浪费燃料又污染环境的问题。既节约了能源，又保护了生态。

(3)农村经济加快发展。通过收看有线电视，观看文化活动室的科教片、科技杂志以及在市、镇指导培训下，村民们看到了外面日新月异的变化，增强了创业致富意识。村民陈美根在镇政府参加养牛培训班后，马上行动起来，建起了牛栏，养殖肉牛 100 多头，年增加收入 5 万余元，村民杜甫根利用紧靠胡新一级公路的优势，搞起了蔬菜种植，年增收 1 万余元，村民陈粉根搞起了养猪、养鸭、养鱼立体养殖，年收入在 7 万元以上。今年，该村通过大搞种养发展经济，年人均增收在 500 元以上。

第五讲

第六讲　农村公共基础设施建设的国际经验

新农村建设的“村容整洁”的目标和农村的基础设施建设是相互联系的，“村容整洁”是农村基础设施建设的目标，基础设施建设是“村容整洁”的基础。我国城乡差距除了经济收入差距之外，还表现在公共品方面的差距，比如教育、卫生、文化、饮水、道路等，这方面的差距甚至超过了收入方面的差距。所以要建设社会主义新农村，一个非常重要的方面就是加快农村公共基础设施事业的发展。这一方面国外的经验值得我们来借鉴。

本讲要点

- 我国农村公共基础设施建设的特点与问题
- 不同国家和地区农村公共基础事业建设的经验
- 国外经验对我国进行农村公共基础设施建设的启示

一、我国农村公共基础设施建设的特点与问题

在党中央、国务院的领导和高度重视下，经过各级地方政府和相关部门卓有成效的工作，我国的农村公共基础设施建设取得了令人瞩目的成就，但存在的问题也值得重视。主要表现在以下几个方面：

1. 我国农村公共基础设施重建设而轻管理，建设重点与我国的城市化特点不够协调

当前我国城镇化最为显著的特点就是农村剩余劳动力的非梯度转移。按国家统计局农调队数据，2004 年农村劳动力外出务工数量已经达到了 1.2 亿，其中跨省流动的约占 50%，东部沿海地区和北京、上海、广东等几个特大城市囊括了 80%以上的农民工。在这样的情况下，若现有的 4 万个乡镇、65 万个行政村不加选择地全部平行发展壮大，并不能吸引村镇附近的农民进城就业居住，反而会造成村镇基础设施的巨大浪费。每个村镇都斥巨资建设一套并不经济的基础设施系统，其结果将是有限资源的撒胡椒面式分配，以至于所有村镇都缺乏足够的吸引力，设施利用率都不高，村镇功能不完善，与当地的产业结构调整、经济发展不一致，与我国的城市化特点不相协调，很难吸收农村剩余劳动力的就地转移，不利于人口素质的提高和乡村现代化的实现。

另一方面，由于官员考核体制等方面的原因，我国当前的村镇建设千人一面地集中在修道路、建高楼、铺广场、划开发区之类的政绩工程上，而与民众福利息息相关的饮用水、能源开发利用、文化娱乐设施等方面却乏人问津；更忽略了为乡镇企业或个人提供信息服务、对外联系等功能的建设，很多村镇没有一间图书室、没有就业信息交流平台、没有一台可以上网的电脑，不能适应信息经济、知识经济发展的需要，极大程度上限制了当地的发展后劲。

2. 农村公共基础设施建设资金短缺，规划无序，基础设施建设滞后

几十年来，我国城乡不平等的财政资金分配扶助体制，决定了广大的农村地区公共物品主要由农村政府（乡、镇或村集体）来生产和提供，而大多数农村基层政府和组织财力非常有限，导致公共物品供给在广大农村严重不足。调查统计显示，全国近 3 000 个县（市），平均每个县（市）的债务按 2 亿～3 亿元计算的话，债务总额为 6 000 亿～9 000 亿元。也就是说，9 亿农民年人均要负债 667～1 000 元[①]。这样的财政状况哪里还有财力生产和提供公共物品？久而久之，广大农村地区的公共物品生产严重短缺，远远不能满足农民需要。有专家对我国村庄人居环境进行了如下描述：假设全国只有 10 个村庄的话，那么，4 个没有自来水，其中 3 个在猪圈或厕所旁打了一口井，供人们饮用；4 个下雨出不来；4 个路比房子地基高；5 个夜里进不去；6 个没有公共活动场所；7 个养着猪、牛、鸡、兔、羊，其中 5 个不宜人居；8 个没电脑或图书室；9 个没在防火上花一分钱；9 个还在使用传统旱厕；9 个仍然随便找个地方把垃圾填埋了，其中 7 个没人管；10 个都没有消除蚊蝇、老鼠、蟑螂的设备和药物；10 个都把脏水往外泼。[②] 据我国建设部村镇建设办公室调查显示，被调查的 74 个村庄中，仅有 2 个城市郊区的新村完成了改厕工作，并且由于没有村庄下水道系统和集中的化粪池，84%的村庄的多数农户人畜粪便倾堆在院内开挖的粪坑内，造成改厕困难。[③]

更有学者认为，由于村镇基础设施建设资金的短缺以及“吃饭财政”状况的限制，导致了村镇政府急功近利行为的发生：许多村镇政府使用“卖地取财”和“集资建镇”的招术来建设村镇，有的盲目进行城镇开发区建设或者房地产开发，有的则搞随意性的“圈地运动”，把良田变为等开发

①中国《新闻周刊》. 两千亿债务“围困”中国乡镇. 百灵网，http: // www. beelink. com/20010619/168979. shtml.

②叶齐茂. 村庄整治：社会主义新农村建设的核心. http: // www. chinajsb. cn，2005-10-22.

③建设部村镇建设办公室. 村庄人居环境现状与问题. 课题报告，2005.

商来开发的荒地……这些行为，扰乱了村镇正常的依法征地程序，或多或少的破坏了村镇的整体建设规划。[①]

另一方面，资金短缺进一步加剧了村镇建设规划本就滞后的状况。村镇建设规划机构不健全，更不舍得在本就局促的村镇建设资金里拿钱出来搞规划，规划设计起点很低，或者规划的成果没有足够的资金来保证付诸实践。主要表现为：建制镇建设计因缺乏规划而重点模糊，发展布局随意性较强，功能结构、产业结构、平面布局和建筑设计单调雷同，难以形成自己的风格；集镇建设规划大多是20世纪80年代初期编制的，并且没有详细规划，难以对建设进行宏观调控；中心村既没有控制性规划和修建性详细规划，也没有排水、排污、供水等专业规划，建设随意性大，导致绿地率、容积率等技术指标无法控制和落实；绝大多数自然村没有编制规划，建设处于自流状态。[②]

3. 村镇的法律地位不明，管理体制不顺，政策措施不全

村镇，特别是非建制的村镇，法律上的地位不明，往往缺乏专门的管理主体，有关村镇的公共事业管理涉及到许多机构，但没有一个专门的机构来统领，专门的法律来规范。上级部门的一些建设项目，也缺乏有力有效的基层协调部门来运行。村镇建设中，不同程度地存在着不同部门从各自的角度进行村镇规划，而没有一个统一的协调机构，其结果是“一人一把号，各吹各的调”。国土部门未经规划部门选址定点，先批办建房用地许可证现象时有发生；建房户未经规划建设部门许可，仅凭建房用地许可证便建房，无证建设、无证施工也不鲜见，使得规划管理被架空，难以到位。

社会发展过程中也出现许多新的关于村镇建设的法律问题，长期难以解决，如移民新村、城中村、空心村等都是亟待解决的一些问题。河南省象山县抽样调查显示全县有空心村580个，占到全县村庄总数的75％。大量空心村的存在，一方面造成土地资源的巨大浪费，另一方面因旧房无人照看，严重影响了村容镇貌。[②]

---

①戴子刚. 小城镇发展中存在的问题与对策. 求实，2003(6).

②冷淑莲，冷崇总. 关于我国村镇建设问题的思考. 价格月刊，2006(3).

由于政府指导和服务相对滞后,法制宣传不够,绝大多数干部群众仍然不了解村镇规划、建设、管理的有关法律法规和政策,甚至不知道批地建房应履行的必要程序和手续,既不按法律程序办事,又不服从规划管理的现象比较普遍,不批也建、少批多建、滥建乱建、任意侵占土地的现象比较严重,国家有关村镇建设管理的法律政策得不到有效贯彻执。

另一方面,村镇建设相关政策措施本身就不建全,村镇建设推进举步维艰。村庄和集镇建设虽然有一个《村庄和集镇规划建设管理条例》,但缺乏具体的实施细则,在具体操作中难以把握。解决村镇建设资金缺口、实施村庄改造赔偿补助、进行新旧宅基地置换的政策措施不完善、不健全,直接影响了农民的积极性和村镇建设速度。[①]

二、农村公共基础设施建设是农村发展的重要组成部分

全面建设小康社会的重点、难点在农村,因此,推进农村公共基础设施建设是实现全面建设小康社会宏伟目标的关键,是"以人为本"发展观在实践上的重要体现,是农村发展的重要组成部分。作为农村社会生产、生活活动的"共同生产条件",公共基础设施是农业经济发展的基础,其完善程度和质量高低直接制约着农村现代化、城镇化建设的进程,是农村发展的重要组成部分。

什么是农村公共基础设施?

农村公共基础设施是为农村经济、社会、文化发展及农民生活提供公共服务的各种要素的总和,通常包括供电供水、排水、污水和垃圾处理、邮电通讯、防洪、防火以及公共文化设施等。

①蒋涛.村镇建设存在的问题不容小视.湖南经济,2003(10).

1. 农村公用事业建设水平提高带来的农业发展，是目前增加农民收入、减少贫困的有效途径

据资料显示，落后地区农户收入的主要来源还是农业。在 20 个世纪 70 年代以来，巴西政府加大对农业灌溉网络等基础设施的资金投入，“东北部百万公顷灌溉计划”工程总投资 50 亿美元。全国新建灌区近百个，灌溉面积逾 10 万公顷。[①] 也正是由于巴西政府提供了土地和完备的农村基础设施作保障，才吸引了日本、加拿大、美国、瑞士、西班牙等国的工商企业家与巴西国营或私人资本企业联合，在巴西建立了大批农工联合企业，大大地推动了巴西农业经济的发展。[②]

从韩国的新农村运动历程中可以看出，农村公共产品供给水平的提高主要有两方面作用：一是降低私人活动成本。韩国政府在新农村运动中通过在农村修建桥梁、公路等降低了农民的运输成本和交易费用，设置公用积肥场和搞集团栽培，也使农民的生产成本大大下降。二是降低农村生产风险。新村运动对耕地的治理以及水利设施的兴建使农村生产的自然风险大大降低，同时，在推广“统一号”水稻过程中采取的保护性财政补贴政策控制了农业生产的社会风险。[③] 由此促使了韩国农业的迅速发展，吸纳了大量的资本投入到农村。

2. 农村公共基础设施的建设与完善，能够直接改善农村居民的生产和生活条件，增进社会福利

据统计，1999 年印度死于腹泻的人数超过 70 万！没有厕所所以露天大小便是造成腹泻的主要原因，不仅危害健康，也会使人暂时丧失劳动能力，更加重了农村妇女的身心负担。泰国用于卫生和水利设施的公共投资在城市与农村之间的分配比较为均衡。全年都可饮用清洁水的户数占总户数的比例从 1986 年的 53％增至 1990 年的 63％，不合卫生标准的

①莫鸿钧. 巴西采取扶持农牧业发展政策. 中国经贸，2003(10).

②陈宝江. 巴西农业的发展及其对我们的启示. 黑龙江社会科学，1999(1).

③徐洁，韩莉. 加大农村公共产品供给，促进二元经济结构转化——韩国新村运动对我国农村经济发展的启示. 北京联合大学学报，2003，17(2).

户内厕所从41%降至23%。村寨自来水系统的建设，使有供水系统的村寨从1986年的5 634个增加到1990年的9 850个，公有或私有地下水井由149万口增至249万口。环卫设施的建立有利于降低农村居民的患病率和死亡率[①]，完善的公共基础设施是生活质量的有力保证。

3. 加快农村公共基础设施建设，能够转变农村存量需求为现实的购买力，有助于改善全国的消费和投资环境，对于统筹城乡发展和区域发展具有重要的意义

加快农村公共基础设施建设，能够转变农村存量需求为现实的购买力，有助于改善全国的消费和投资环境，对于统筹城乡发展和区域发展具有重要的意义。2004世界发展报告指出，贫困人口很难获得有效的公共服务，例如道路、教育、健康服务、卫生的饮用水、通讯等，[②]而这些服务能够吸引人口、资源和生产要素的集聚，创造新的农村服务行业和就业机会，有助于当地中小企业的发展，缓解城市就业压力，所产生的收入效应、消费效应和就业效应，对刺激农村消费、扩大内需和拉动经济增长，具有明显的带动作用。[③] 林毅夫认为，农村消费是最大的一块存量需求。目前，农村消费比城市消费低很多，这是由两个原因造成的，一个是农民收入低，另一个是农村基础设施落后。[④]

几十年来，我国广大的农村地区公共物品主要由农村政府（乡、镇或村集体）来生产和提供，由于大多数农村基层政府和组织财力非常有限，导致公共物品供给在广大农村严重不足，远远不能满足农民需要，甚至于应该由中央政府提供的纯公共物品农民也享受不到或非常有限，如环境服务、基础教育、公共卫生保障系统服务等等，这是农村经济发展滞后和农民生活水平难以提高的重要原因之一。

---

①黄小芳. 论泰国的农业和农村发展. 南洋问题研究，1997(3).

②张林秀，李强，罗仁福，等. 中国农村公共物品投资情况及区域分布. 中国农村经济，2005(11)：18～25.

③郭锦庸. 欠发达地区农村公共产品的供给体制创新与农民增收. 乡镇经济，2004 (8).

④林毅夫披露“建设新农村”建议幕后. 中国城市化网站，http：// www. ccer. edu. cn/cn/ReadNews. asp? NewsID＝5995.

4. 农村公共基础设施建设也能提高整个国家的福利水平

一些发达国家，在经历了城市化的发展历程后，出现了“逆城市化”、“郊区化”的发展，农村而不是城市，成了人居环境最为适宜的地区。

我国的社会经济发展速度非常快，在一些大中城市的周边村镇，还存在着蔬菜地和绿色空间用地，这一方面改善了环境，成为城市人休闲娱乐的场所；另一方面也分担了大城市人口居住、供电、供暖等方面的压力，还往往是许多各种形式的经济开发区的选择之地，为城市用地的进一步发展起到了预备土地的作用。如北京市怀柔区雁栖镇官地村，其便利的交通保证了较短的通勤时间，再加上绿意盎然的田园风光，相对低廉的房价和消费水平，自由自在的乡村生活，已经成为首都人民休闲、居住的乐园。因此，农村公共基础设施建设，不只是农村发展的一个部分，也应该纳入整个社会发展中统筹考虑。

在这样的背景下，中共中央十六届五中全会通过了《中共中央关于制定国民经济和社会发展第十一个五年规划的建议》，提出了建设社会主义新农村的目标，其内涵是：“生产发展、生活宽裕、乡风文明、村容整洁、管理民主。”加强农村公共基础设施建设是“村容整洁”的核心内容之一。在这一过程中，韩国、日本、德国等国家城市化进程中的乡村建设实践，为我国提供了值得借鉴的经验。

三、不同地区和国家的主要做法

(一)给水

为了加快农村改水步伐，促进农村改水事业的可持续发展，可以借鉴德国、法国等发达国家的先进经验。

历史以来，德国一直十分重视水资源保护，控制污染物排放，1995 年污水处理率达99%，水体质量良好。其成功的主要经验可以概括如下[①]：①立法确立水是共有资源，必须受到每个人的保护，建立了完善的水系监控系统，一旦污染，有关部门立即得到报告，迅速采取措施。②十分注重供水水质，水处理工艺完善、技术先进，除了混凝、沉淀、过滤等常规处理外，还要进行约50天的慢滤，对任何可能发生的水资源水质变化有足够充分的准备。③将制、售水分别独立经营管理，责任明确，因此各供水公司特别重视对管网系统的建设、管理，查漏、检修及时，全德国漏水率小于5%，为欧洲最低。④德国的供水事业发展来源于3部分资金：其一，是地方政府、法人公司、私人投资；其二，水费收入；其三，是向用户分摊的建设费用。由于这些多元的投资形式及优惠的补偿政策，德国供水事业得以稳步发展。⑤德国的水价由两部分组成：一部分为计量水价，随供水成本的变化波动，按用水量收取；另一部分为基础价，固定不变，按户收取，主要补偿管网铺设以及进户设施等的投资费用。德国的水价由企业自己确定，但受到监事会的监督，要求供水企业在核算水价时除考虑经济因素外，也应考虑社会因素。除此之外，每年企业将财务报表公之于众，接受大众的监督。因此，德国的水价合理，既保证了供水的社会效应，又保证了供水企业能自负盈亏，持续发展。⑥德国供水企业有充分的经营自主权，同时各种协会和联合会为供水企业沟通信息，帮助解决问题。⑦德国的职业教育相当发达，为供水企业造就了大批技术精湛的工作人员。[②]

1990年法国对全国水资源污染调查结果表明，在约1 500万农村人口中仅有58%的人饮用净化站的水，但到目前已有99%的人都用上了安全卫生的自来水，这与近年来法国水务管理的改进是密不可分的。

在法国，水被视为国家资源，国家具有专营权，所以水厂永远是公有化，私人企业只有在各级政府特许的条件下，采取招标方式，获得投资、经营和使用权力。政府对水厂的设备、施工、服务以及水价都作了详细规

①陈晓进. 德国考察归来对我国农村改水工作的思考. 江苏卫生保健，2001，3(4).

②四川省赴德农业经济考察团. 德国农村发展状况的考察及其启示. 经济体制改革，1999(5).

定，这样既引进了私营企业先进的商业化管理理念，又可以有效地保证水质，为民众提供优质服务。

法国政府还非常注重水资源的整合性管理，在新水厂建设时，一是统筹考虑农业、工业、运输、娱乐、家庭等方面的用水；二是注重环境保护，在水源选取、管道的铺设以及污水的排放等方面都必须有环境评价报告；三是注重废水的重新利用；四是注重风险的防范(包括水灾、旱灾和污染)。

法国水费使用有两条重要规定：一是水的利润必须再用于水务发展；二是所有的使用者和污染者必须付费。所以在所收取的水费中，43%为制水成本；38%作为污水处理费用；13%作为社区水务署管理(其中50%用于新水厂和污水处理厂建设费用，50%为日常开支)；5%为附加增值税；1%为国家水资源发展基金(每年约有1亿欧元)，专门用于边远农村地区水厂建设或补贴城乡差别。具体水价的制定，是在国家宏观指导下，采取谨慎而又民主的对话方式及水价听证会制度，通过各流域委员会、供水公司和用户(代表)协商，确定水费和污染税费的标准，并由各流域委员会的执行机构——水管局负责向用户收取。[①]

(二)排水

生产生活污水处理系统是大部分农村社区型基础设施建设的薄弱环节，也是对农村居住环境形成威胁的因素之一。[②]

1. 生活污水

目前我国许多城市、乡镇的生活污水大都没有经过处理直接排放到河流中，严重污染水资源。因此，学习国外先进经验，积极创新，加快城乡生活污水的治理速度，势在必行。

在德国，几乎所有村镇都建有排污系统，可以分为两种：一是混流式，即所有污水全部汇入同一管道网进行处理；二是分流式，即生活污水和工

---

①陈善隆，陈国忠，王伟琴. 法国水务管理考察报告. 海峡预防医学杂志，2004，10(5).

②建设部村镇建设办公室. 村庄人居环境现状与问题. 课题报告，2005.

厂废水与雨水等分管道汇集，分别处理。绝大多数村镇采用生化处理工艺处理污水。①

澳大利亚科学和工业研究组织(CSIRO)的专家于最近几年提出一种“非尔脱”高效、持续性污水灌溉新技术，其目的主要是利用污水进行作物灌溉，通过灌溉土地处理后，再用地下暗管将其汇集和排出。该系统一方面可以满足作物对水分和养分的要求，同时降低污水中的氮、磷等元素的含量，使之达到污水排放标准。其特点是过滤后的污水都汇集到地下暗管排水系统中，并设有水泵，可以控制排水暗管以上的地下水位以及处理后污水的排出量。

“非尔脱”系统对生活污水的处理效果好，运行费用低，特别适用于土地资源丰富、可以轮作休耕的地区，或是以种植牧草为主的地区。该系统实质上是以土地处理系统为基础，结合污水灌溉农作物。根据大量调查和试验表明，土壤-植物系统可以去除生活污水中的病原体。但从慎重起见，国内外一致认为，处理后的城乡污水适宜灌溉大田作物（旱作和水稻）。因为大田作物的生长期长，光照时间长，病原体难以生存；而蔬菜等食用作物，生长期短，有的还供人们生食，则不宜采用污水灌溉。此外，这种处理方法受作物生长季节的限制，非生长季节作物不灌溉，污水处理系统就不能工作。暗管排水系统在我国多用于改良盐碱地和农田渍害，一般造价较高，若用于处理生活污水还需修建控制排水量的泵站，则造价更高，推广应用有一定困难。

韩国农村的居民居住分散，兴建集中处理的污水系统造价太高，小型和简易的污水处理系统适合在农村应用。因此，研究了一种湿地污水处理系统，使污水中的污染物质经湿地过滤后或被土壤吸收，或被微生物转变成无害物。这种方法实质上也是一种土地-植物系统，需要的能源少，维护的成本低。至今已广泛用于欧洲、北美、澳大利亚和新西兰等。湿地上多种植芦苇、香蒲和灯心草等，对病原体的去除效果好。但其缺点是需要大量土地，并要解决土壤和水中的充分供氧问题及受气温和植物生长季节的影响等。一般来说，利用湿地处理后的污水灌溉水稻，可取得更好

①青木.德国农村安静又整洁.乡镇论坛，2005(1)：21.

的净化效果。

日本从1977年实行农村污水处理计划以来，至1996年底已建成约2 000座小型污水处理厂。日本农村污水处理协会设计、推广的污水处理装置体积小、成本低、操作运行简单，十分适用于农村。一般每1 000农村人口可建立一个污水处理厂，最大的厂可处理10 000人左右的污水。日本农村污水处理协会采用的是生物接触氧化法，属于淹没式生物滤池类。生物滤池是由池体、滤料、布水装置和排水系统四部分组成。滤料是生物膜的载体，对净化作用的影响较大。常用的滤料有沙子、碎石、卵石、炉渣、陶粒、红杉板条以及用聚酯纤维制成的纤维球等。处理后的污水水质稳定，大多灌溉水稻或果园，或将其排入灌排渠道，稀释后再灌溉农作物。污水中分离出来的污泥经脱水、浓缩和改良后，运至农田作肥料。生物膜法所需要的设备简单，能源消耗低，成本和维护费用低，而处理污水的效率高，是今后发展的一个方向。①

2. 农村厕所②

据联合国提供的一份资料，印度有7亿人家里没有厕所，其中大部分在农村。印度政府已经意识到露天大小便对人体健康和经济发展的危害，早在1999年就开始实施农村厕所工程，改变人们露天大小便的习惯。印度政府于2003—2004财年就投资16.5亿卢比帮助农民修厕所，2004—2005财年又投资36亿卢比。最近，为了加大推动农村厕所工程的力度，印度财政部计划在今年将投资增加到63亿卢比(约折合1.3亿美元)，以实现在2010年每个农村家庭都有厕所的目标。

为使农村居民能够参与修建厕所、鼓励村民使用厕所，印度中央政府提供了修建厕所60%的费用，地方政府提供20%，剩余的由村民家庭自己出钱和出工。此外，印度政府还推出了“洁净村庄奖”，对厕所修得好、处理洁净水最好的村民委员会奖励20万～40万卢比，对以上工作做得好的街区则奖励100万～200万卢比，对最好的行政区奖励300万～500

①曾令芳. 简评国外农村生活污水处理新方法. 中国农村水利水电，2001(9).

②江边. 印度帮农民家家建厕所. 农村工作通讯，2005(5).

万户比。除了物质奖励,印度还加强对农民的教育,帮他们破除家中有厕所不吉利的迷信思想。

我国改厕工作状况

据我国建设部村镇建设办公室调查显示,被调查的74个村庄中,仅有2个城市郊区的新村完成了改厕工作,并且由于没有村庄下水道系统和集中的化粪池,84%的村庄的多数农户人畜粪便倾堆在院内开挖的粪坑内,造成改厕困难①。如何借鉴国外经验,推动我国农村改厕工作的顺利开展,是我国新农村建设面临的困难之一。

3.农业生产污水

除了工业和生活污染,近年来,人们也开始思考农业生产活动本身造成的水源污染问题,即硝酸盐污染,这是由于氮肥过量使用和集约化饲养场粪水管理不善造成的。预防水资源免受硝酸盐污染是农业环保工作中需要优先考虑的问题,因为即使现在采取措施也要4～5年后才能收到治理效果。②

荷兰对农村污染非常重视,现在主要采取了限制畜禽饲养数量和密度的办法进行治理,效果正在逐步显现出来。由此产生的农村人口就业问题通过新的措施来解决,如政府大力推动农村旅游业的发展,一方面为城市人口提供了美好优雅的休闲场所,同时也增加了就业机会,提高了农民收入。③

法国1990年全国水资源污染调查结果显示,在农村有30%的抽样结果不符合卫生标准;在受硝酸盐水源危害的人中,有60%居住在农村。为此,1991年法国农业部长在全国水利会议上强调,解决水源污染需要

①建设部村镇建设办公室.村庄人居环境现状与问题.课题报告,2005.
②李志明.法国预防农村水资源污染的政策及措施.世界农业,1993(7).
③注重环境保护和改变农村面貌.经济视角,2000(3).

政府、公共部门、社会团体、农民以及工业等各方面共同努力才能从根本上解决。法国政府和各地区都相继成立了水资源领导办公室，专门负责有关各项政策的协调工作，还制定了一些必要的法规条例，以限制硝酸盐污染。

种植业方面在保障农业高产的前提下，应相应减少氮肥用量，严格控制土壤的含氮量。采取的有效措施有：①施肥之前确定土壤含氮量；②根据作物和土壤的吸收能力、土壤含氮量以及所需的单位产量标准进行合理施肥；③在植物生长最需要时供氮，如在小麦孕穗1厘米长时，玉米长出6～8片叶子后；④改变种植体系，实行间作，如种植绿肥，利用绿肥将滞留在土壤中的氮“固定”。为了解决农药残留污染环境问题，法国明令禁止使用剧毒农药，向农户倡议严格按照规定剂量和使用期限使用农药，积极开发生物防治病虫害技术等。[①] 上述这些措施可谓一举数得，既保障了农业的高产，又减少了水源污染，还可降低生产成本。

针对畜牧业对水源的污染，法国围绕加强家畜粪便的管理提出了许多具体措施：提高贮粪池容量，防止粪水溢出；合理施肥，对厩肥做适当降氮处理，保证施播的厩肥有足够长的储存期（至少是6～7个月）。对于集约化饲养场，提高贮粪池的贮存能力是解决粪水外流污染水源的关键，给贮粪池加盖，挖排水沟可以起到防止外部水流入粪池的作用。其他措施还有：控制地面的水量、牲畜饮水时加强管理、饮水槽做到不漏水、用高压水泵洗涤饲养设备等等。由此，法国政府针对污染较严重的集约化饲养场修订了畜舍修建条例，条例中对贮粪池容量、贮存时间及饮水设备等都有具体规定。达不到要求的需要改建，政府补贴一部分改建费用。另外，根据猪龄调整氮素的供给量，用合成氨基酸代替蛋白饲料也可降低粪便中的含氮量，以位于法国西部的布列塔尼为例，当地科研工作者根据母猪各生理阶段研制出一种饲料配方，可使母猪粪便中的含氮量减少15%～30%，尿液中的含氮量减少25%～30%。[②] 1990年法国用于预防农村环境污染的费用达8 000万法郎，继之数年的财政预算中对农村环境保护

①李志明. 法国的环境保护型农业. 世界农业，1994(5).

②李志明. 法国预防农村水资源污染的政策及措施. 世界农业，1993(7).

也给予了优先考虑。[①]

(三)村落住宅

传统村落的保护、更新与发展是人居环境研究中的一大课题。作为历史见证的村落既是我们文化遗产的重要组成,又是广大农民的居住现实。传统与现代、技术与文明、经济与历史文化价值之间的冲突在当代村落发展中显得越来越明显。如何处理好这些矛盾,改善农村的生活质量,是直接影响广大农民生计的大事。[②]

20 世纪 80 年代以来,联邦德国的土地整理职能逐步扩大,在改善农业生产经营条件、合理开发和利用土地资源、保护乡村自然环境和景观、促进乡村基础设施建设等方面发挥了重要的作用,越来越多的乡镇通过土地整理来实施村庄发展计划或保证其发展目标的实现。德国的村落更新规划,在政府的资助、村民的积极参与下,从经济、生态、美学、历史文化诸方面着眼,为改善农村的生产条件和生活质量,美化农村环境,加强村民对家园感的认同,保障村落健康持续地发展提供了良好的工作框架,对我国村落的更新发展具有一定的借鉴意义。[③]

德国村落更新规划的主要内容分为以下四个方面[④]:

1. 现状调查与评价

村落更新首先要对村落的现状进行调查,并从不同的角度对之进行分析和评价,从而了解村落中哪些是富有价值的积极因素,哪些是有待改善的消极因素。

①李志明. 法国预防农村水资源污染的政策及措施. 世界农业,1993(7).

②注重环境保护和改变农村面貌. 经济视角,2000(3).

③徐雪林,杨红,肖光强,等. 德国巴伐利亚州土地整理与村庄革新对我国的启示. 土地整理与复垦,2002(5).

④王路. 农村建筑传统村落的保护与更新:德国村落更新规划的启示. 建筑学报,1999(11).

2. 问题定义

列出该村落的所有“病状”，每个问题都以言简意赅的语言及图示加以表达，使村民一目了然为什么要对村落进行更新整治及其更新规划的内容重点，同时在村落总平面图中标出问题所在。当然，在“问题定义”项中首先要找出村落中主要矛盾，比如涉及公共利益或者对公共空间在村落未来发展中影响较大的私人房产问题等，在考虑集体利益的同时，不能忽视村民的个人利益。

3. 制定村落发展的样板规划

样本规划实际上是制定一个反映村落未来发展图景的理想模式。村落的更新关系到村民的切身利益，他们是否及时积极投入参与样板规划的制定是决定村落更新成败的关键。德国的村落更新非常强调村民参与，村民参与有多种途径，比如组建各种工作委员会、村民集会、对话、举办讨论展览等。通过与村民的交流，使专业人员的智慧和技巧与村民的切实要求与愿望结合为一体。这样的规划是开放的、民主的，能够最大程度地保障村落未来的健康发展。

4. 规划设想

这实际上是制定具体的更新规划措施。规划设想应能综合地反映在村落的平面图上，为了让村民对更新规划有一个整体的认识，往往把多个规划方案做成展板在村落的公共建筑中加以展览，或是印成小册子分发给各部门和个人。关键是要做到易于村民理解，同时善于和村民沟通，听取村民意见，不断进行修订。推动村落更新的过程。

其他欧洲国家对农村住宅的要求也不断提高：既要保证建筑的经济性、实用与舒适性，还要能反映民族特征和传统的农村风情。

荷兰对农村面貌的改变非常重视，早在20世纪50年代就开始了大规模的土地整治运动，自然小村基本消失，取而代之的是一个个规划整齐，建筑雅致的小城镇。

奥地利为了完成农村住宅规划，组织了关于农村住宅问题的专门研讨会,并吸收包括高等院校建筑系学生在内的专门人才,进行独立式农村住宅的标准设计,并确定住宅设计的基本要求。这些要求考虑到国家农业生产整体化,同时使住宅能得到最大限度的舒适环境,并体现出住宅的新型风貌。

近年来奥地利、德国、瑞士等国的建筑公司专门制造供建造农村标准住宅用的成套预制构件,主要是为了适应新生宅区用地的限制和加快住宅建造进度。

采用成套预制构件建造的装配式农村住宅,可以在较短时间内建成。农村住宅主要的结构形式,是双斜屋面中布置着阁楼的单层住房。底层的房间总面积为75～112 米^2,阁楼层为38～81 米^2。一幢标准住宅的造价,包括成套建筑预制构件及其他材料和人工费用,在德国是20到30多万马克。德国有数十家建筑公司从事农村住宅成套预制构件的生产,并在全国各地区负责住宅的安装和建造。他们提供多种形式的住宅目录供用户选择。

在波兰,有一种独特的独立式农村住宅。这种住宅不是整个封闭在一起,而是建成两个单独的部分,其间用插入的、敞开式楼梯过道加以连接。在住宅中设有两个厨房和两个出入口,可供不同年龄的两代家庭居住,也可供不同的两个家庭居住。除此以外,还设有专供老年人或病人居住可单独进出的房间。[①]

(四)垃圾收集与清运

随着各国工业化、城市化的发展,和人类物质生活水平的提高,不仅垃圾的数量剧增,而且垃圾的内容也发生了重大变化,处理的难度也越来越大。垃圾不仅有碍观瞻,更重要的是占用大量土地,污染生活环境,危害人类健康。

①李小荣译.欧洲的农村住宅.村镇建设,1997(5).

我国农村的垃圾问题

我国农村的垃圾问题非常严重，过去是垃圾围城，现在已发展为垃圾围村。据调查，90%的村庄的因生活固体垃圾填埋不当，引起的农村面源污染触目惊心，[①]特别是在沿海一些经济发展较快的地区，农村垃圾发生了新的变化：一是垃圾中不可降解物大量增多，塑料袋和塑料薄膜的使用和丢弃越来越普遍；二是垃圾数量猛增，不仅仅是生活垃圾，建筑垃圾也迅速增加，江苏省无锡市郊的一个村庄，5 天内竟倒出建筑垃圾 400 多吨；三是垃圾来源多极化，城里的垃圾往农村堆，村里自己还产生垃圾，作为垃圾的"终端"，"村级垃圾"猛增。[②] 不科学的垃圾处理已经给农业的可持续发展和农民的子孙后代留下了严重后患。

相形之下，国外农村的固体废物都得到有效收集、处理，村庄环境卫生状况良好，显得十分干净，很少有四处飘散的白色垃圾。[③]

俄罗斯的莫斯科有三座规模巨大的垃圾处理场，其中一家用垃圾生产农用肥料。而英国的垃圾发电也很有特色，该国在农村设立了数百座垃圾处置场，所产生的甲烷用于发电，并入全国电网，其电力约占全国电力的 5%。[④]

以德国萨克森州的林格镇为例，居民的环保意识非常高。每家门口都放着五颜六色的垃圾分类桶，有纸张、玻璃、金属、有机物等七八种之多。每周，承包全镇垃圾回收的环保公司会把垃圾分类运走，在垃圾处理厂进行再处理，无法再利用的则用于焚烧发电。很多家庭还会自己处理垃圾，如把生物垃圾制成肥料种花，在自家小院建立生物循环系统，用太阳能发电，用沼气作燃料，用布袋竹篮代替塑料袋等。在德国教科书中，

---

①建设部村镇建设办公室．村庄人居环境现状与问题．课题报告，2005.

②农村垃圾．环保人网，http://www.epman.cn/book/retaliate/501.htm.

③学习先进理念、提高环境意识、全面推进环境保护工作．陕西省国际人才交流协会网站，http://shaanxi.caiep.org/trainpro/content.php? id=446.

④沈颖．一个全球性的环境问题——垃圾．瞭望，1990(20).

孩子们可学的农村环保知识也非常丰富。①

(五)能源开发及利用

随着经济的快速发展、工业化进程的加快以及人口的迅猛增加,能源短缺的印度对石油的需求以年均近10%的速度递增。为减少对石油等不可再生能源的过度依赖,印度政府决定首先在广大农村推广使用包括生物质能在内的各种可再生能源,以缓解能源紧张的现状。

包括木材、秸秆、干草和动物粪便等在内的生物质能是仅次于煤炭、石油和天然气而居于世界能源消费总量第四位的能源,在整个能源系统中占有重要地位。专家认为,印度自然条件得天独厚,可再生能源丰富,生物质能可以满足农村做饭、照明和其他动力用电;并且生物质能项目投资少,同时能够解决农村就业问题。如一个供500人使用的农村能源项目大约只需4.3万美元的投资,并且每个项目可以解决25人的就业问题。印度政府计划2012年前在全国2.5万个偏远村庄将新的能源安全计划付诸实施。从今年开始,政府将在一些村庄进行这项能源安全计划的试点。②

美国农村电气化事业的发展和农电管理体制的建立始于20世纪30年代。当时美国正处于经济萧条时期,农村用电普及率较低,农村只有11%的人口用上了电。当时的罗斯福总统,为了尽快振兴国家经济,采取了加大基础设施投入等政策,以此来拉动经济复苏的经济战略,其中一项很重要内容,就是发展农村电气化事业。为了保障农村电气化健康、稳步发展,联邦议会于1935年5月通过了《农村电气化法》,制定了向农村供电可享受30年低息贷款的电网建设投资政策,以鼓励供电商向农村供电的积极性。美国供电企业多为私人所有,由于向农村供电投资大,成本高,效益低,私人供电商多不愿意承担发展农村电力任务。为了改变这种状况,解决好农村用电问题,政府提倡在农村建立电力合作社,这一举措

①青木.德国农村安静又整洁.乡镇论坛,2005(1):21.

②印度将在农村推广可再生能源,建设科技,2004(19).

得到了农民拥护。通过上述政策措施的实施，有效地加速了农村电气化进程，到20世纪60年代，美国农村已基本实现了电气化。现在，合作社的经营业务从经营电力逐步拓展到农村有线电视、计算机网络、通讯、饮水等领域，有的甚至还从事一些农产品的贸易等。合作社已从当初的非营利性机构，逐步演变成市场性经营机构。①

巴西在农村电气化发展方面实行了极其优惠的政策，农村电网建设统一由政府部署和安排。在农村电气化发展过程中，国家对其实行分阶段投资建设，目前正在实施第三期项目。前两期项目为联合国世界银行贷款。第三期项目从20世纪90年代初开始，主要任务是完成向边远农村小型农场和农户通电，由各省电力公司和当地配电公司负责具体实施。巴西很注重再生能源的利用和节能管理。1998年以前，国家以无偿拨款的方式支援电力公司开发太阳资源，以解决偏远农村的照明、排灌用电，1998年以后采取了低息贷款的方式。①

在德国每年产生19 000万吨的人畜粪便，沼气利用在农村有很大的潜力。自1993年以来，德国开展了以绿色能源、可再生能源和再生原材料为中心的发展战略研究，每年安排大笔资金用于研究、示范和推广有关技术。德国农民通过国家的援助项目，获得补贴或低息贷款，安装了沼气设备，很快成为了能源的生产者。1999年德国农村中农户共拥有600个沼气设备，目前已发展到800个。②

在德国沼气的产生过程是：首先是将粪水收集在一个储罐中，再将其中的液体粪用泵输送到发酵罐中，在那里发酵产生沼气，这个过程中的温度要求保持在30～40℃。发酵罐必须加热，所获得的能源有一部分损失。发酵后的残渣可作为有机液化肥在农田中使用。

当沼气只用于烧炉灶时，其经济价值很低，而大多数的沼气生产者采用可供生产电力和热能的所谓"集团热电装置"，即由一个汽油机驱动的

①美国、巴西农村电气化的特点及经验：国家经贸委农村电气化考察团考察报告．世界电力，2003(2)．

②刘继芬．德国农村再生能源——沼气开发利用的经验和启示．中国资源综合利用，2004(11)．

发电机组生产电,由此产生的余热用于供暖。通过这种方式,农户不仅可以满足自己的用电和供暖,而且,所产生的每千瓦的电都可以输入公共电网供使用。按再生能源法规定,入网农户可按规定价格获得再生能源补贴,这一政策使得农村沼气利用在近期出现了持续的繁荣。[①]

另外,除生物质能外,还有取之不尽的太阳能、风能和水能等。它们将在能源消费的这场变革中同样扮演重要的角色。

菲律宾正在执行一项巨大的能量种植计划,它将种植几千公顷合欢树供发电用。日本钢铁公司已经种植了1 000公顷合欢树作为烧木炭的资源。泰国、印度尼西亚也引种了此树。在印度尼西亚、孟加拉和斯里兰卡等国家,农村里喜欢在房屋四周开辟小园,同时种植蔬菜、香料、水果和薪柴等,从而构成复杂的三维生态系统。在这种系统中,高大的树木可以给矮树、灌木和谷物部分遮荫大树的落叶和残渣又是作物的好肥料,如果将最适宜的速生树种引进这种小生态系统,就可得到很大的经济效益的生物群落。在适合速生豆科树种(如合欢树、田普树)的地区,可以建立一半种树,一半种上水稻或旱稻等农作物的农田。由于合欢树是一种高级固氮树,6袋合欢树叶所含氮肥相当于一袋硫酸铵,故在上述农田里,每公顷即可得到500千克氮肥,其中10%被土壤吸收。这样,不用很多钱买化肥,就可在具有良好的生态系统的农田里得到可能比单种谷物的农田产量还高一倍的谷物。目前泰国正在进行这种"生物群落"的试验。

能源保持是十分紧迫的问题。以亚洲国家的土烧炭窑为例,它只能转化木头能量的30%,而高效炭窑用3~3.5吨木头就能烧出1吨炭,能量转化率达35%~50%。炉灶的改进也很重要,农村地区的炉灶效率极低、烟多、热耗散大,不能控制空气流量造成燃烧不完全。现在印度、埃及和加纳都有改进的炉灶,一般可将热利用率从5%~10%提高到15%~20%。这些炉灶结构简单,用户可用当地的材料自己制作。

近年,印度尼西亚研制成一种稻壳稻草热解设备,它处理一吨秸秆可得到0.25吨炭、0.15吨热解油和相当数量的可用气体。一个小碾米厂,每天处理3~4吨废料,运转起来很合算,当年即可收回50%。另外锯木

①刘继芬.德国农村沼气利用概况.世界农业,2005(1).

屑和圆木加工的碎屑也可作为热解的原料。

利用太阳干燥谷物在亚洲国家是可以大加改进的。在孟加拉国和泰国有一种新式晒谷场,地面由不透水材料覆盖并有排水道,上面覆以塑料膜形成帐篷式晒谷场。据估计,因糟蹋、虫害和鸟造成的损失达 5%～15%,用这种方法可以减少这笔损失。晒干谷物质量好,保存时间长。此法还可以用于蔬菜、水果和鱼类,也可以用于烤烟等小型农村加工。①

(六)其他公共基础设施

位于印度西南角的喀拉拉邦,"贫穷"程度居世界前列,人均收入低于印度平均水平。但是,它却有非常宝贵的文化公共服务设施的建设经验可供我们参考。

喀拉拉邦人口 3 300 万,农村人口占 80%,人口密度在全国排第二,每平方千米有 750 人。但有一个惊人的数字:全邦有 9 000 多间图书馆,12 000 多间阅览室。这就是说,每个乡大约有人口 25 000 人,图书馆 8 间,阅览室 10 间。乡村图书馆在喀拉拉邦已有 60 多年的历史,1989 年,喀拉拉邦议会通过议案,正式承认它为喀拉拉邦的公共图书馆,联邦和地方政府每年拨款添置图书,管理人员大多是义务的。

图书馆经常与各类合作社和学术、农科机构合办工作坊、培训班,内容涉及农业、畜牧、能源、母婴健康等;图书馆自办刊物,鼓励会员写作投稿并组织辩论和研讨。图书馆的活动多姿多彩,有征文比赛、话剧创作表演、体育竞技活动、草药医治班等。图书馆同时设立信息中心,邀请医生、工程师、地区发展官员等参与,协助小组成员挖井、养蘑菇、种菜、改善食水供应、搞小型水利设施等。每周的妇女小组聚会,让妇女畅所欲言,加强自信心。印度的乡村图书馆成为了知识文化传播和再生产的支点,为村民寻求发展、移风易俗,弱势社群得以凝聚发展的空间。②

澳大利亚曾以畜牧业发达而著称于世界,被称为"骑在羊背上的国

①沈洪.亚洲国家能源研究及开发趋向.北京节能,1996(2).

②刘建芝.印度的乡村图书馆——公共生活空间的开拓.中国改革,2002(11).

家”。随着时代的发展,澳大利亚已调整了传统的放牧和小麦种植方式,成为新型的工农业发达国家之一。2000 年,澳大利亚有 14 万多家家庭农场,拥有电脑的农场已 49%,因特网用户比例也从 1998 年的 11 %上升到 20 %。澳洲农民通过因特网了解市场供求信息,以决定自己的农牧比例及结构,减少了生产的盲目性,1999 年澳洲农业的增长率为 7.5 %,增幅比其他行业快。

为使农民尽快掌握因特网使用技能,澳洲政府专门编印了“澳大利亚农民因特网指南”。“指南”为农民接通因特网提供了所需的全部信息。这本“指南”是根据 1996 年以来政府在 1 000 个边远家庭农场进行的因特网应用实验编写的。它帮助农民使用因特网的多种功能,包括电子邮件、全球网址,新闻栏目、交友窗口,以及怎样建立自己的网址等,并包含了 500 个经常更新的浏览网址,突出了农业方面的内容,如气象、商品价格、产品信息、银行交易、商业服务、家政服务和家庭购物等。为了加快信息产业在农业领域里的开发,澳洲政府已委托一家通讯公司对边远地区的农民提供“双向卫星系统”服务。这种新技术不需要电话线和调制解调器即可将用户的需求传送到因特网上。①

历史上的韩国与中国有着相似的国情,城乡发展不均衡的状况,使韩国出现较为严重的社会问题。为改善农村的生产和生活条件,促进农业发展,增加农民收入,缩小城乡差距,韩国总统朴正熙于 1970 年倡导以“勤勉、自助、协同”为基本精神的建设新农村运动。它保障了韩国农村在公共物品提供上的有效需求,有许多地方值得我们加以借鉴。②③

韩国新村运动的主要内容可以概括为:①实现农村社会发展方面。改善环境与农村排污系统、修建卫生供水系统、公共澡堂、公用水井及洗

①谢舒,干勤.传统农村中介组织的信息电子网络化改造——澳大利亚农业高速发展的启示.重庆工商大学学报(社会科学版),2003,20(1):79-81.

②张青.农村公共产品供给的国际经验借鉴——以韩国新村运动为例.社会主义研究,2005(5).

③徐洁,韩莉.加大农村公共产品供给,促进二元经济结构转化——韩国新村运动对我国农村经济发展的启示.北京联合大学学报,2003,17(2).

衣房;进行房屋屋顶改造、房屋维修和村庄重建工作;增加公共设施建设投资,如大力发展农村电网、设置公用电话等。②实现农村经济发展方面。增加农业生产基础设施的建设,主要包括道路兴修与扩展、修筑小规模灌溉工程和水坝、水塘和排灌渠;增加农民收入的主要措施有推广经济作物、发展专业化生产区以及建立各种新村工厂等。

韩国新村运动就其实质而言,是一场集中提供农村公共物品、缩小城乡差距的乡村社会综合治理运动,其中的许多成功经验值得我们去借鉴[①]:①加大工业反哺农业,城市反哺农村的力度;②转变政府角色,通过制定科学规划引导乡村发展,实行分类分区指导,加大乡村基础设施和公共服务设施投资建设力度;③充分发挥乡村社区主导性,利用家庭亲缘关系组建农民自己的利益集团,反映农民自身的利益诉求;④"扶人先扶志",注重农民的精神启蒙。首先,韩国在新村运动中实行的是奖勤罚懒的措施。其次,开办新村培训学院,培训新村运动的骨干,从而更好地带动农村的发展。

四、对我国农村公共基础设施建设和管理的启示

近年来,城乡发展的差距逐步扩大,三农问题越来越突出。如何促进农村建设,改善农民生活,实现城乡统筹发展,已成为我国当前亟待解决的问题。国外城市化进程中乡村建设的诸多经验,对我国社会主义新农村建设具有很高的借鉴意义和参考价值。

(一)在与农村发展的核心目标相联系的前提下,尊重多样化、有侧重的农村公共基础设施建设道路

世界上众多国家和地区的经验证明,以经济发展为前提,促进村

①陈晓华,马远军,张小林,等.城市化进程中乡村建设的国外经验与中国走向.经济问题探索,2005(12).

镇基础设施建设,配合文化素质与民主建设的乡村统一发展才是可行之策。在村镇建设过程中,必须坚持"人与自然和谐发展"这一理念,围绕改善"人"的生存和发展状况这一问题,注意到不同地区具有其独特的特点,尊重各地从实际需求出发,因地制宜的多样化建设道路;应当顺应城市化发展的客观规律,从我国实际出发,有所侧重、适当集中地建设重点村镇,实现村镇建设和城市化道路的相互促进、并行不悖;加快转变政府角色,通过制定科学规划引导乡村发展,实行分类分区指导;应当加大工业反哺农业,城市反哺农村的力度;力求充分发挥乡村社区主导性,利用家庭亲缘关系组建农民自己的利益集团,反映农民自身的利益诉求;注重民众的精神启蒙,实现民众的自我管理和组织。

(二)有整体的长远规划和预算安排,发挥农村公共基础设施建设的带动效应

专家指出,要想真正建设一个21世纪有中国特色社会主义可持续发展的新农村,没有一个严格按法规制定、从实际出发和落实科学发展观的村庄规划是断然不行的[①]。也就是说,社会主义新农村建设首先必须有一个合法、合理和贯彻可持续发展原则的总体规划;并且根据各地区的自然、社会经济状况,编制具体区域规划;然后分析区域内部各社区发展的比较优势和具体需求,确定更切合实际的村庄计划。在这一规划体系指导下,统筹来自各政府部门的公共资金,去解决当前农村公共服务设施严重短缺的问题,去消除那些涉及村民安全的各类隐患,去保护农村居民点的生态环境和人文环境[②]。

①苏亚.德国落后地区经济开发政策考察报告.北方经济,1995(3).

②村庄整治:社会主义新农村建设的核心,中国建设报网站,http://www.chinajsb.cn,2005-10-22.

日本、德国进行的农村规划

日本政府在实施基于城乡协调发展的农业振兴计划时，在制定规划方面，除了中央政府制定的总规划以外，各都、道、府、县、町政府都制定了本地区规划①。无独有偶，在50年代德国政府实施的《土地整治法》中，也明确要求要进行相关村镇规划，改善农民生活和生态环境。德国的建设规划分层次进行，联邦制定区域规划，各州制定国土区域规划，另外还有各种专业规划，规划从上到下呈金字塔形，形成完整的体系。②

而且，应当不仅仅关注农村的基础设施建设，不仅仅实现某几个村居民福利的提高，而更应该放眼于村镇在人口、物资、货币、信息等方面的吸引力、辐射力和带动力，力求通过农村公用事业建设，使其在农村地域内形成增长点，发挥增长点的集聚效应，使其成为农村腹地内的星星之火，带动区域的整体发展。

（三）应加大政府对村镇基础设施的投资力度，并积极吸收商业部门的参与

2004年，我国农村固定资产投资占全社会固定资产投资总额的16.34%；各级财政支农支出占国家财政总支出的5.89%；农业贷款余额占金融机构各项贷款余额的5.55%。与农村人口所占的比例、农业和农村经济在国内生产总值中所占的份额相比，显然很不相称，与城市居民相比，农民的权益大受损害③，这是农村经济发展滞后和农民生活水平难以提高的重要原因之一，是实现以人为本的发展，实现农民国民待遇的重大障碍。

①日本农业政策及农村城市化经验的启示. http://www.cnft.org/Information/news/46/new.46-25786.htm.

②刘英杰. 德国农业和农村发展政策特点及其启示. 世界农业，2004(2).

③康静萍. 论农村公共物品供给体系与农民权益保护. 江西财经大学学报，2003(6).

已经完成发展转型的发达国家的经验表明，在从发展中国家向发达国家迈进的过程中，有一个时期，国家投资的优先次序应该有一个重大改变，对农村的投资要放在优先的位置，并且投资量必须增加。因此首先国家应加大在农村地区的财政支出，增加对农村基础设施建设的投资，提高农村基本建设投资在国民经济建设总投资中的比重，从而把农村基础设施建设有效地承担起来。其次，要坚持谁投资谁受益的政策，充分调动市场力量，鼓励私营部门和个人的参与，国家可以给予适当比例的补贴或奖励。

事实上，农村发展的动力机制必须是市场化的和内生的，单靠政策安排不能实现这一发展过程中经济和社会资源的最优配置，政府在必须顺应市场经济客观发展规律条件下"有所作为"。当然，现阶段政府仍是村镇建设的主要投资主体，但是应该更加重视政策因素之外的市场化的力量，政府应加大力度推动第三产业的发展，促进劳动力吸收；集中固定资产投资，改善投融资环境，创造良好的经济发展环境；并且，应该对农村公用事业设立相应的监测机构，对其绩效作系统、全面的长期评估，总结教训、推广经验。

埃及、日本等国对乡村基础设施进行投资的经验教训

如埃及政府承担对了小城镇和农村基础设施的投资，饮用水、卫生、电力、运输和通信系统等，而对具体生产项目则鼓励私营部门进行投资①。又如德国在二战后，通过公共财政和采取发行债券、实施信息贷款等形式加大对农村道路、水利、农民住房、自来水等基础设施的投入力度。日本在进入城市化中后期，则由中央政府和地方政府财政拨款、贷款等形式，加强农村地区的交通、通信、卫生、教育、文化设施的建设，大力提高农村的福利水平，对山区农民实行直接补助。2001 年的补助总额达到 740 亿日元。这些措施既缓解了城乡矛盾，又促进了城乡间的均

①外国发展小城镇的经验简述. 中国工程建设信息网，2006-03-11.

衡发展。而拉美国家正是由于土地改革的后续工作(如在基础设施方面对农民的支持)没有跟上,农户生产力仍然低下,而且垦殖区附近没有合适的学校供农家子女上学,至于医疗更谈不上了。许多农民无法忍受分得土地后的贫困,干脆卖掉土地,重新成为无地者,流入城市沦为贫民。① 这是拉美国家"城市过度化"、城市贫民窟大量涌现,两极分化严重的重要原因之一。

(四)注重当地民众的能力建设,充分吸收民众参与,强化居民的自我管理和组织

民众参与对农村建设项目的影响

韩国政府大力倡导、支持新村运动,但具体上什么项目,完全由农民自己选择。每个村选出新村建设指导者,进入新村培训学院接受培训后,负责组织大家的行动,里长(即村长)只管服务。② 这些新村运动的领袖根植于本村落,对新村运动的开展具有很大的影响力,有着以点带面的作用。③

而拉美国家在20世纪50年代开始大规模的垦殖计划,如墨西哥,这一计划的主要内容是建造水坝,扩大灌溉面积。其他国家则是砍伐森林造田。拉美国家的垦殖计划对农村生产力的提高无疑有推动作用,但是由于农民缺乏代表自身利益的组织,大多数人没有参与进来,都没有得到政府发给的土地证,开垦出来的土地最终落入大公司之手,所以对缓解农村贫困来说作用不大。④

①袁东振.从墨西哥恰帕斯危机看拉美农村发展中的问题.拉丁美洲研究,1994(2).

②郑新立.借鉴韩国"新村运动"经验加快我国新农村建设.小城镇建设,2005(11).

③张青.农村公共产品供给的国际经验借鉴——以韩国新村运动为例.社会主义研究,2005(5).

④刘新民.拉美国家农村的贫困——另一个角度的思考.拉丁美洲研究,1995(5).

要实现成功的社会主义新农村建设,必须重视当地民众的能力建设,在建设规划、实施、管理、评估全程中充分吸收民众参与,其重点是"赋权",这意味着在村镇建设活动全过程中参与权力和决策权力的再分配。因此,关键是要推行一套能让农民自己有能力、有条件、有可能发展自己、保护自己的机制和措施,让农民/市民参与进来,组织起来,对当地公用事业建设产生认同感和拥有感,只有这样,才能够保证农村公用事业建设的绩效,保证后续维护、管理的可持续性,保证民众利益分享的公平公正,最终实现城乡统筹发展。

本讲小结

新农村建设是一件关系农民群众切身利益和长远利益的大事。我国目前村庄建设中一个最重要的问题就是基础设施建设的不足,如何在新农村建设中借鉴国外的实践经验,并且在此基础上制定出适应我国国情的具体实施方案和运行机制,仍是需要进一步探讨的问题。

第六讲

第七讲　当前我国新农村建设的经验、问题以及政策建议

中共十六届五中全会提出了建设社会主义新农村这一重大历史任务，全国各地掀起了建设社会主义新农村的高潮。经过了近一年的新农村建设，在很大程度上改变了农村的基础设施状况，使得农村的面貌出现了一片新的气象，涌现出了一批新农村建设的典型。在看到新农村建设取得一定成就的同时，我们也要清醒地看到，当前新农村建设中也存在许多的问题，需要我们不断地研究和解决，以推动新农村建设的顺利进行。

本讲要点

- 新农村建设的经验
- 现阶段新农村建设中存在的问题及原因
- 对策建议

一、国内新农村建设的经验[1]

目前江西、浙江、北京、河北、甘肃、湖北等省市的一些地区，围绕农村小康建设目标，已经先行开展了形式多样、内容相似、名称各异的新农村建设试点。现将其中特色鲜明的新农村建设经验介绍如下：

(一)江西省赣州市新农村建设的主要做法

2004 年江西省赣州市拥有 845 万人，城市化率只有 20％，是中部省份江西的中等发达地区，经济实力较弱。城乡居民收入水平和人均耕地面积明显低于全国平均水平，属于欠发达的低山丘陵地区，中部崛起的任务繁重。在这种严峻的新形势下，为了闯出一条统筹城乡经济社会发展的新路来，2004 年 9 月正式发起了“五新一好”的新农村建设行动。

1. 主要内容

第一，建设新村镇。主要是改善农村基础设施和卫生环境条件。一是抓规划制定。所有圩镇依照《城市规划编制办法》和《村镇规划标准》完成规划，用三年时间全面完成所有村镇的规划设计工作。二是抓规划执行。农户建房按《土地法》严格纳入规划区内批地建房，坚持“一户一宅”，清理“一户多宅”。三是抓“三清四改”。即清垃圾、清淤泥、清路障和改水、改路、改厕、改灶。通过“三清”，保证农村环境整洁、道路畅通；借助“四改”，自来水普及率、通行政村公路硬化率和卫生厕所普及率均达 80％或以上，建设农村户用沼气池及其配套设施，推广省柴节煤炉灶。四是抓村庄建设。按照因地制宜、分类指导、以点带面原则，整治改造村庄，引导农民修建美观、适用、廉价住房。五是抓村镇绿化。引导农民植树造

①马晓河，黄汉权，王为农，等. 关于我国社会主义新农村建设若干问题的研究. 经济研究参考，2006(50).

林、美化环境。

第二,发展新产业。各县区立足本地特色和现有基础,着力培植壮大区域特色产业。实行"一村一品、一县一业"战略,按照"一个产业一个思路、一套实用技术、一套扶持措施"的办法,大力推进农业产业化经营,培育和发展农民持续增收的产业,为新农村建设奠定坚实的产业基础。

第三,培育新农民。实施"农民知识化"工程,依托产业发展对农民进行实用技术培训,面向市场为农民提供职业技能培训。实施"一村一名大学生"计划、"一村一名中专生培训计划"。引导和教育农民遵纪守法、崇尚科学、移风易俗、改变观念,造就德才兼备、文明守法的新型农民。

第四,组建新经济组织。结合主导产业和区域特色产业开发,积极扶持和发展行业协会、专业合作社、联合社、经联社等合作经济组织,形成市、县、乡、村四级完整的合作经济组织体系。

第五,塑造新风貌。扎实开展文明村镇创建活动,改变农村的各种生活陋习,倡导健康、文明、科学的生活方式,创造农民群众安居乐业、物质文化生活丰富多彩、人与人和谐相处的良好环境。

第六,创建好班子。加强农村基层党组织建设,选招优秀大学毕业生充实乡镇一线,把一批优秀乡镇机关干部安排到村一级工作,提高农村干部的素质和能力,创建一大批能带领农民致富的基层好班子,为新农村建设提供强有力的组织保障。

2. 推进机制

第一,政府强力推动。市委、市政府将新农村建设作为本地的中心工作和整个农村工作的总抓手,主要采取物力、财力支持和行政机构及其人员参与手段推动。市、县两级都成立了以党委书记为组长的新农村建设工作领导小组;相关职能部门作为领导小组的成员单位,被赋予相应的工作职责及考核措施,并制定出各自详细的支持参与方案;日常工作都服从于新农村建设的统一规划、分工和调度,形成一盘棋。建立一项长期坚持的制度,机关干部到农村蹲点,与农民同吃、同住、同劳动,感化和带动群众。

第二,财政大力支持。调整财政支出结构,加大新农村建设资金投入。一是把村镇规划经费列入财政预算；二是财政设立新农村建设专项资金；三是财政资金实行以物带资、以奖代扶方式扶持。用财政辅助资金购买水泥等物资，公开补助标准，以实物形式免费分配到村和农户；四是多渠道开辟资金来源。采取"财政投一点、涉农资金捆绑使用倾斜一点、帮扶单位助一点、受益群众出一点、社会各界捐一点、政策优惠减一点"的办法，用财政资金撬动社会资金。

第三，农民广泛参与。充分尊重农民意愿，以农民自愿、村民自治为主，发挥农民群众的主体作用，主要依靠农民的亲自劳动和广泛参与完成项目建设。政府虽主导，但不包办代替、更不强迫农民选择，把动员和组织群众、发挥群众的积极性和创造性贯穿新农村建设的始终。一是维护和实现农民群众的参与权。如吸收村民代表参与村镇规划，培育农民的规划意识，传授规划知识。二是建立充分反映农民意愿的表达机制。从新农村建设启动时的分派项目，转为农户自主申报改造项目；对群众自愿申报率达不到规定水平的村庄，绝不列入整治改造范围。三是建立鼓励农民出资投劳的奖勤罚懒机制。政府的物资和资金支持，与农户自己完成的工作量挂钩。

第四，群众民主理事。在一个或几个共同利益紧密的村民小组形成的村庄，由村党支部和村委会宣传、发动、指导，完全以农民自己决定、民主选举方式成立农民理事会。理事会并非永久性的固定组织，因具体事务而设立，完成任务时即自动解散。其成员没有报酬，许多都是村中德高望重、奉献意识浓、组织能力强的"五老"、村干部、党员和致富能人。理事会出面与广大群众协商化解矛盾，让群众做群众的工作，真正让农民群众自我管理、自我服务。这种方法成功地解决了村落整治中因旧房拆迁、宅基地置换等难题。

第五，注重建章立制。不断总结经验，把符合客观规律的东西形成制度和规范，建立长效机制，实行规范操作，使新农村建设步入制度化、规范化和长期发展的轨道。

第六，以点带面典型引路。根据群众积极性的高低，择优定点，鼓励基础好、积极性高的村庄先行一步，分批逐步推进，不搞"一刀切"。以召开现场会、流动观摩、举办培训班等形式，让先进典型引路，带动新农村建设全面发展。

(二)四川泸州市新农村建设的主要做法

(1)以组织领导为保障,营造良好的政策环境。为推进社会主义新农村建设,泸州市委、市政府成立了市委农工办牵头,发改委、财政局、建设局、国土局、扶贫办、以工代赈办、交通局、水利局、农业局等部门参与的新农村建设领导小组。同时根据当地实际先后出台了一系列扶持政策,在发展规划、基础设施建设、土地、投入、税费等方面给予一定扶持,有力地推动了全市新农村建设。

(2)以"中心村"建设为重点,探索新农村建设的有效模式。根据泸州市 2002—2007 年发展规划,5 年内将重点建设 300 个左右的"中心村",目前市财政每年拿出 150 万～200 万元,集中扶持 50 个试点"中心村",为全省新农村建设提供示范作用。

(3)以"一池三改"为突破口,大力改善农民生活环境。在沼气池建设和配套改造厨房、厕所、圈舍方面,泸州市各级政府积极利用国债、省政府小型公益设施建设项目、市政府支农资金等,集中这三方面的资金支持农民"一池三改"活动,平均每口沼气池政府补贴 1 000 元。"一池三改"大大改善了农民的生活环境,提高了他们的生活质量,成为当前老百姓最认可和接受的建设项目,号称"民心工程"和"德政工程",激发了农民参与新农村建设的热情。

(4)以基础设施建设为核心,为农村生产创造条件。在新农村建设的前期,各县(区)根据当地实际,建设项目各有侧重,提法不尽一致,但主要内容都是围绕基础设施建设展开的。如泸县塘坎村从 2005 年 10 月开始实施"四建七改",即建园、建坝、建棚、建池,改厨、改厕、改圈、改路、改井、改土、改房。而江阳区先锋村前期建设主要是道路建设、通讯建设、自来水、农网改造、钢架大棚、喷灌和土地治理。

(5)以龙头企业为依托,推进农业产业化经营。在中心村建设中,泸州市充分发挥龙头企业的带动作用,在推进农业产业化经营上下功夫。目前,该市已扶持建立了一定规模的国家级龙头企业 1 家,省级龙头企业

5 家，市级龙头企业 20 家，带动农户 31 万户。形成了以大农公司、维维集团、泸县 PIC 种猪场为代表的畜牧业龙头企业，以巨森纸业为代表的林竹业龙头企业，以川南农产品批发市场为主的果蔬业营销龙头企业，以金健米业为代表的优质米加工龙头企业和以郎中药业为主的中药材龙头企业等。农业产业化经营对于千家万户小农与千变万化的大市场对接难的问题找到了较好的解决办法，增加了农民收入，增强了农民参与新农村建设的能力。

(6)以农民的需要和意愿为出发点，探索行之有效的工作方式。

一是重视宣传动员。文明新村建设项目一旦被上级批准实施，基层领导重视及时做好宣传动员工作，召集农户开院坝会，通过幻灯演示让农民了解文明新村建设项目、规格、标准及预期收益。同时组织农民赴异地参观先进典型，激活农民潜在的建设意愿。

二是重视民意调查。在各种具体决策中，基层政府比较重视对农民意见的调查和分析，努力找到政府政策和农民真实意愿的结合点，使民主原则在农村得到了生动地体现。

三是尊重农民自主性。比如在房屋改造方面，政府免费提供住房改造设计图纸，并对项目区内 A 类房(即农户居住生活的房屋，包括卧室、厨房及楼下喂养牲畜的圈舍等)按占地面积每平方米补 60 元，对 B 类房(与主体房分类的圈舍杂屋)按占地面积每平方米补 35 元。农民愿意干，政府就补助，不愿意干，政府不勉强，农民可以自由决定是否改造改建房屋。

四是增强工作透明度。对农民实施补助程序涉及到提出申请、签订合同、完工验收和兑现补助几个重要环节，整个过程透明度高，没有发生坑农骗农行为。

(7)以财政补助措施为引导，调动农民投资投劳的积极性。省、地、县、乡各级政府在新农村建设方面都出台过相关补助办法，如道路建设补助规定、沼气建设补助办法、农业产业结构调整专项资金补贴、农业开发项目的配套补助、扶贫资金、机井补助等。比如泸县为了解决农民吃水问题，政府实施了“红层找水”项目，每口井县级财政补助 250 元，镇政府补助 40 元。新农村建设是一项投资巨大的宏伟工程，仅靠政府财政补贴包揽一切问题是不现实的，财政补贴主要是让农民感受到政府的关心和政策导向，认识到新农村建设与自身生产生活的关系，迸发出改变家园的积极性和自觉性。

（三）山东省青州市南张楼村“巴伐利亚”式新农村建设的主要做法

一是制定规划。通过山东省测绘局，制作全村土地 1∶1 000 和 1∶2 000 的远红外地图和布局图，作为“土地整理”依据。由德国合作方对村庄考察论证 4 个月，征求全村各方面代表意见，帮助制定“南张楼村发展规划”。村南是工业区，村西是商业、手工业区，村北是文化教育区，村内是居住生活区。

二是整理土地。通过土地的削高、填洼、整平，耕地面积增加 40%。土地被重新划方分配到户，每户集中耕种一块粮田，统一埋设界碑。方与方之间是田间硬化道路及防风防沙林带。基金会提供联合收割机、播种机等农业机械，使家庭、合作组（小队）成员间在播种、耕作、灌溉中相互配合，实现全过程机械作业。

三是调整产业结构。项目专家指导村民进行产业结构调整，发展反季节瓜菜、畜牧养殖和农副产品加工等高产高效农业，推广生物病虫害防治和生物有机肥，定期化验农田土壤成分，指导农民科学施肥。

四是建立工业园区。通过土地整理调整出的非农用地被用来建立农村企业。基金会帮助村里选项目，扶助发展农村中小企业。现已集中了石油机械、蔬菜加工保鲜等中小企业 50 余家，2004 年全村工业总产值为 2 亿元，纳税 500 多万元。

五是培训农民。基金会创办职业教育中心，为学校配备劳动技能室、微机室、实验室等先进教学设施，分批培训教师，采用德国的双元制职业教育模式，资助留学生到德国培训。为村民开展文化培训，定期请专家讲课，提高村民科学文化素质。

六是修建公共设施。村里修建医院，装备当地较为先进的医疗设备，定期派医护人员外出进修，并由专家办医疗培训班。建立本村的民俗博物馆、文化中心、图书馆、影院。还配有几家小超市、网吧。

七是改善居住环境。村中心500多户村民建起了包含会客室、卧室、浴室的中国传统建筑特色的新房，也有少数欧式居民住房；村内柏油路井井有条；每户都有统一的门牌编号，路两边都有路灯，并设置了垃圾箱。

八是推进村民民主自治。在土地整理和村庄革新过程中，必须有村民参与。特别是涉及农户利益的农业结构调整、土地、住宅等变动，项目合作双方都要与村民广泛讨论、召开大会，达成一致意见才确定规划方案。村民在项目推进中了解到"私权自治"理念，形成了自我管理和自我服务的民主意识。南张楼村民逐渐养成了参与村政的热情，对村里的建设敢说话。九是倡导文明生活。鼓励有闲暇的村民参加村乐队、戏剧组、各种协会，并组织村民论坛。

二、新农村建设中存在的问题及原因

以上介绍的是新农村建设取得一定成就的典型，通过这些典型我们可以看到村庄建设和整治作为新农村建设的重要作用，在每一个典型中，村庄建设和产业建设以及文化建设等相互关联，相互促进，才形成了新农村的典范。在学习这些典型的同时，我们也看到了一些新农村建设中存在的一些问题：由于村庄建设是新农村建设的外显状态，并且村庄建设可以在短期内见效，所以出现了一些地方不顾农户的实际需求，一味地进行村庄建设，大搞形象工程，忽视新农村其他方面的建设；不尊重农户的权益，搞强迫项目；新农村建设的部门分割现象严重等。这些问题以村庄建设中存在的问题比较集中，因此下面的论述在很大程度上是关于村庄建设方面的问题。

1. 把新农村建设等同于村庄建设

目前新农村建设中出现的问题主要是集中在对新农村建设的含义的理解上。中央关于社会主义新农村建设的总体要求，提出了要按照"生产发展、生活宽裕、乡风文明、村容整洁、管理民主”的20字要求，协调推进农村经济建设、政治建设、文化建设、社会建设和党的建设，这20字要求是一个整体，哪一个方面也不可偏废。但是，在新农村建设中，很多地方只重视“村容整洁”，片面理解中央精神，割裂中央对新农村建设的总体要求，不顾生产发展水平的实际，也不考虑农民的愿望和要求，大搞“农民新村”建设，甚至要修建“农民别墅区”，把社会主义新农村建设搞成了单一的“新村”建设，建设社会主义新农村建设俨然成了“楼房化”、“别墅化”的代名词。在个别地方，有的农民刚盖了新房，但政府仅仅为了村庄形象，竟然强迫农民拆房搬迁，建集中居民点，极大地加重了农民负担，引起农民强烈反对。而且在村庄治理和建设中过于追求形式化、“现代化”和标准化，忽视突出乡村特色、地方特色和民族特色，致使一些有保护历史文化价值的古村落和古民宅遭到破坏，民族文化的“根”和脉络遭到极大伤害。而对于“乡风文明”等“软件”建设，因为很难看得见，摸得着，不能用量化指标衡量，并且所需时间较长，不容易出成果，也不容易得到上级领导的认可等原因，而不予考虑。对于这样的新农村建设，所带来的后果是农民的利益遭到侵害，并且对于新农村建设的总体目标的实现也产生了极大影响。

毋庸置疑，村庄建设、村庄整治是当前社会主义新农村建设的基础性工作之一，但村庄建设远非新农村建设的全部，新农村建设的重点和长期目标是发展农村生产力，建立农民增收长效机制，只有通过提高农业综合生产能力，全面发展农村经济，才能切实增强“三农”自身的活力，也才能为新农村建设提供更为雄厚的物质基础。与此同时，作为新农建设的内容之一，为农民提供满足其生存和发展所需的最基本的公共产品和公共服务是发展农村经济，改善农民生存状态，提高农民生活质量和建设社会主义和谐社会的基础条件。中央财经领导小组办公室副主任、中央农村工作领导小组办公室主任陈锡文指出，新农村建设的目标和任务是全面、系统、完整的，不能片面理解为单纯的新村庄建设。新的村庄规划建设是新农村建设一项必不可少的任务，但村庄规划建设能搞到什么水平和程度，实际上取决于农村经济的发展水平，农民收入的增长水平以及城市对农村的支持程度等各方面。因此，新农村建设目标的实现是需要软件和硬件的统一的，而不只是村庄建设。

2.雷声大、雨点小

现在各地的新农村建设的宣传可谓铺天盖地，但是实际在农村和农民心目中，新农村建设具体是什么，农民需要什么等问题还是一个模糊的状态。各地更是在宣传上下足了功夫，但实际到农村和到农户的也只是一些文件精神和标语，农户并没有实际感受到新农村建设带给他们的好处。更有甚者，一些地方大搞形象工程建设，不顾当地的实际情况，迫使农户按照统一的要求兴建住房，而忽视了农户的真正需求，这样做的后果使得农户对新农村建设不仅没有了兴趣，还大大伤害了农民的利益。

另外的一个现象是当前的新农村建设被当成各级部门跟上级部门要钱的"摇钱树"，因此对于具体的规划项目的制定没有实际的意义，他们的目的只是要钱，以至于这些项目能否实施，资金能否真正落实到农民头上都不是他们所考虑的问题，这也是造成目前一部分新农村建设没有实际行动的原因之一。

3.新农村建设规划不切合实际

《中共中央国务院关于推进社会主义新农村建设的若干意见》提出要"科学制定社会主义新农村建设规划"，"要切实加强村庄规划工作"，其目的显然是为了规范新农村建设，使之更加科学化和制度化，减少盲目性。实际上，许多地方的新农村建设也确实有全面的规划，但是有的地方的规划本身就存在或出现了问题。比如有的地方把制定规划委托给一些高等院校和科研院所的教授专家，这些规划也确实有做得好的，是切合实际并富有远见的。也有的是借所谓高等院校和科研院所的教授专家之名来装扮、点缀，以提升其所谓"品位"和"档次"，显示其所谓的科学精神与现代性，但是有的所谓专家教授虽然理论上一套一套的，却只能纸上谈兵，他们不了解农村实际，规划时不从农村实际出发，不考虑实地情形的差异，缺乏对农民的了解，不懂得农民兄弟的体会和感受，有的甚至都没有去过农村，"闭门造车"就把农村建设的规划弄出来了，这样的规划主要体现的是当地行政长官的意志，体现的是所谓专家教授的理论知识和美妙构想。把这样的意志和构想强加在农民头上，不知会带来什么样的结果？

新农村规划不切实际的另一个方面是各地在新农村建设中不顾自身实际而搞"一刀切"。很多村的基础设施都是按照上级规定的某些标准建设,而没有考虑到本地的人口规模和经济水平,结果地方政府负债累累,农民也无法得到切实的实惠。

4. 规划中不尊重农户的利益

新农村建设中农户是主体。2006 年中央一号文件中强调:"尊重农民的主体地位"。新农村建设过程其实也是农民自主、自愿、自立、自我组织自我觉悟、自我改造的过程①。但是在实际中,农民在新农村建设中的主体地位没有发挥出来,主要表现在:新农村规划不是从农民的实际情况出发,由农民民主协商、反复讨论,最后制定出符合当地实际情况的规划,而是由县一级甚至市一级帮助村一级制定规划,名曰帮助,实则是越俎代庖,往往把上级部门主观设想的模式强加给农民,其结果是好心办了坏事,政府投入了大量的人力、物力和财力,而农民并不买账。

当前有的地方为新农村建设成立了新农村建设办公室,具体管理有关新农村建设的规划和投资等事宜。但是对于规划的具体的确定,不是由老百姓自己来确定,只是规划最终要符合各个部门之间的利益才能通过。在这种情况下,新农村的规划在制定过程中虽然征求了老百姓的意见,也得到了农户的支持,但是由于最终的确定权不在农户本身,所以这种规划也最终体现不出农户的利益,尽管它的制定过程是尊重了农户的权利的,但结果不是。这样造成的后果往往是老百姓在对新农村的规划表现出了被欺骗的感觉。因为最初他们所确定的项目以及投资等事项由于各个部门之间的利益协调等问题而没有被采纳,取而代之的还是那些以政府部门利益为主的项目。

5. 新农村建设部门分割现象严重

建设社会主义新农村是一项十分复杂的系统工程,需要各级党委和

①仇保兴副部长在全国村庄整治工作会议结束时的总结讲话. http://www.cin.gov.cn/Planning/speech/2005120201.htm.

政府的工作部门密切合作，共同参与。但是，在新农村建设中，不同程度地存在着不同部门从各自的角度进行新农村规划，而没有一个统一的协调机构，其结果是“一人一把号，各吹各的调”。就像上述中所提到的，新农村规划是按照统一的整体进行的，但最后的审批确是在各个部门手中，各部门往往为了自身的利益而不采纳最初的规划项目，而改为对自己有利的项目。

厕所贴瓷砖、门前建喷泉、贷款建洋房、扛着锄头进电梯……这些看似夸张的现象，却成为一些地方在建设社会主义新农村中追逐的样板。参加十届全国人大四次会议的全国人大代表，对当前新农村建设中暴露出来的认识偏差和实践误区，进行深刻剖析和批评，催人警醒。[①]

小康不小康，关键不是看住房——发展生产是根本

（事实）福建漳州市平和县坂仔镇西坑村号召农民建起了40多幢黄白相间的小别墅，成为当地政府大力宣传的明星“小康村”，但西坑村却因此欠下130多万元贷款，成为当地百姓沉重的负担和挥之不去的心病。

（点评）重庆市云阳县莲花乡千峰村党支部书记钟世荣代表说，不少地方有“小康不小康，关键看住房”的说法，认为只要“门面阔了”就是小康。这种不切实际做法误导着一些地方搞新农村建设的思路，惹得老百姓背后骂娘。事实上，建设社会主义新农村说到底是一项治穷的工程，是一项突出发展经济的工程，新农村建设最重要的是要有产业支撑，广大农民有致富门路。

（中央精神）各地要量力而行，充分考虑当地财力和群众的承受能力，不能盲目攀比、急于求成，更不能通过加重农民负担和增加乡村负债搞建设。

“只见新房子，不见新农村”——形象工程要不得

（事实）吉林省桦甸市八道河子镇政府在通往该镇的入口处兴建的

①新华网，http://finance.people.com.cn/GB/1037/4164867.html.

"文明生态小康示范村"，集体供暖、自来水入户，物业、门卫、娱乐、文化设施等一应俱全。一些地方要求农家在厕所贴瓷砖，在门口建喷泉。

（点评）湖北襄樊市农业科学院副院长周建元代表说："只见新房子，不见新农村，凭政府主观意愿盖新房、拿贷款建'别墅'，绝不是建设社会主义新农村！一些地方不具备条件，就在公路边拆迁改建，扒旧房、盖新房，拆平房、建楼房。这是典型的'形象工程'。"

（中央精神）要抓住重点、积极推进，从农民生产生活中最紧迫的实际问题入手，区分轻重缓急，突出建设重点，多为农民群众办好事、办实事，做到不急于求成，不搞一刀切，不强迫命令，更不能搞形式主义。

乱占耕地无法向子孙交代——节约型新农村是方向

（事实）刚刚发布的2005年国民经济和社会发展统计公报显示，去年全国净减少耕地36.2万公顷，全国耕地面积仅剩约12 200万公顷。2月7日，河北藁城市南孟镇南孟村党支部书记冯志华在中南海向温家宝总理建言："要建设社会主义新农村，第一就是要保护好耕地，不能盲目乱上项目，否则要付出沉重的代价，无法向子孙后代交代。"

（点评）黑龙江讷河市农技推广中心主任谭志娟代表说，建设社会主义新农村应当是节约型新农村。要吸取不搞规划或不科学规划，造成轮番拆建、浪费惊人的教训。节约型新农村要从节约、集约利用资源做起，节地、节能、节水、节材。农村建设节约利用耕地方面空间很大。村办企业占地要精打细算，集约使用土地。

（中央精神）坚决落实最严格的耕地保护政策，切实保护基本农田，保护农民的土地承包经营田；同时要求收足农村土地流转的相关税费，并保证将新增部分税费用于农村。

"搬一次家搬掉半条命"——扒房扒墙不可取

（事实）中部某县在搞小康样板村、文明村工程建设时，遭遇农民的不解和抵制。当地干部扒房子、扒墙推进工程建设，农民们气愤地称其为"两扒"工程。

（点评）"搬一次家搬掉半条命，不能让大量的农民大搬家。"湖北洪湖市洪林村党委书记叶昌保代表说，新农村建设是个长期过程，一定要用示范、引导、自愿的方法进行，要坚决防止乱拆乱建，要坚决禁止对现有农民住宅强拆迁。

（中央精神）农民群众是社会主义新农村建设的主体，要尊重他们的意愿，充分调动他们的积极性和创造性。

村户千差万别——有多大能力做多少事

（事实）苏北某地村民被政府动员搬进住宅新区后，对每月一次的水电气费、垃圾费、物业管理费缴纳等很不适应。有农民抱怨：新居虽然好看了，但离农田远了。一些地方建起了“农民公寓”后，农民要扛着锄头进出电梯……

（点评）山东代表王金友说，各地区发展情况不一样，条件也不完全相同，必须因地制宜、因时制宜进行分类指导。山东省已提出明确要求，一律不得搞样板工程。

（中央精神）建设新农村是一个与现代化建设同步的过程，要充分认识其长期性、艰巨性和复杂性。

“大跃进”搞不成新农村——要靠干部群众的艰苦奋斗

（事实）一些地方的“十一五”规划规定，20 户以上的村都要通油路，都要盖新房子，都要按照新的统一的图纸建设。

（点评）湖北保康县尧治河村党支部书记孙开林代表说，在新农村建设中实施“达标工程”、“限时工程”和“指标工程”，只会拔苗助长，事与愿违。社会主义新农村不是一朝一夕建成的，要靠干部群众长期的艰苦奋斗，“大跃进”搞不成新农村。

（中央精神）从本世纪头 20 年实现全面建设小康社会的目标，到本世纪中叶我国基本实现现代化，建设社会主义新农村需要经过几十年的艰苦努力。

CCTV.com消息(焦点访谈)① 江西省遂川县衙前镇为了迎接上级的一个参观团,规定凡是公路旁有碍观瞻的厨房、厕所、牛棚猪圈等建筑都要在参观团到来之前完成拆迁改造。这加重了不少村民的负担。

村委会负责人介绍,在参观团到来之前,这个200来户的村子在短短两个月内共拆掉了800多座有碍观瞻的厨房、厕所、牛棚猪圈等建筑。

在此次拆迁改造中,村民得到补助多的不过一两百元,而用于新建的费用少则几百元,多则要几千元。一些家境困难的村民为此还借了债。记者看到,有的村民为了节省材料钱,只把朝向公路的一面改为砖墙;有的村民拆掉了厕所后,因无钱再建,就在远离公路的地方用白布临时围起来当厕所。

衙前镇有关负责人解释说,新农村建设应该发展生产,但发展生产一两个月内见不到效果,这样拆建的效果明显。

随着参观团到来日期的临近,上芜村公路两旁农户住房的正面还被涂成了白色,但墙的侧面和背面保持了原样,并没有粉刷。

建设新农村、改变村容村貌应从实际出发,而上芜村部分村民则要靠借钱改变"村容村貌",对此,有人说,这其实是"面子工程"。

要"面子"不要"里子"的新农村建设不可取②

新华网南昌5月15日电(记者 吴华国) 南昌西北几十千米的公路两旁一时间新添了一栋栋红顶白墙的"欧式小楼",这是当地在搞新农村建设示范。房还是原来的房,就是按要求统一实行了"穿衣戴帽",即在平顶之上再加盖一层红铁皮尖顶,外墙刷上一层乳白色涂料。这一做法在广大农村并不可取。

首先,要完成这一工程,需要一笔不小的投资,在现阶段这笔投资对广大农民和地方政府来说,都是个沉重包袱。据测算,一栋占地面积

---

①央视国际,www.cctv.com,2006-09-04.

②新华网,http://news.xinhuanet.com/newscenter/2006-05/15/content_4549008.htm.

150 米^2 左右、两层以上的平顶农房，平均约需耗资 3 万元。按照农户和政府各承担 50%的比例，眼下每户农民要额外增加支出 1.5 万元，而县乡财政根据改造农房数量的多少，将承担巨额的资金补贴。

农民作为新农村建设的投资主体，大多数手头并不宽裕，有限的资金如何使用好，各级政府在引导时要十分注意轻重缓急。新农村建设要始终把发展生产作为建设新农村的首要任务来抓，当前正值春耕季节，我们更应引导农民把主要的人力、物力、财力用在生产上。

新农村建设需要政府投入的地方很多，好钢要用在刀刃上。当前，首先就要考虑用在农村最需要的地方，解决农村最迫切的问题，如水、电、路等基础设施建设，学校、医院、文化活动场所等公共服务体系完善等，而不是忙着给现有农房搞并无实际意义的"穿衣戴帽"工程。

特别重要的是，统一的"穿衣戴帽"工程有违农民意愿。为迅速推动这项工作，当地政府不仅统一安排了施工，还指定了用材、价格、期限等。有农民说，政府的定价比市场价高出了近 20%，施工过程中部分农房已出现了因偷工减料带来的脱漆、雨水渗漏等问题。这还会给腐败分子以可乘之机。

新农村建设，要让广大农民获得真正的实惠，切忌做表面文章。记者走进几个已经改造完毕的农户家中见到，这些所谓的示范户其实仅有一个华丽的外表，室内生活设施依旧简陋不堪，用水、饮食也谈不上安全、卫生。对这种只图"面子"、不讲"里子"的做法，上级党委和政府应及时叫停。

三、新农村建设的对策建议

建设社会主义新农村，是我国"十一五"规划的重点，是我国现代化进程中的重大历史任务,也是全面建设小康社会、解决“三农”问题的必然要求,为此,在新农村建设中,各级政府要从不同的角度采取切实可行的政策、措施,搞好新农村建设。为了纠正新农村建设中存在的问题,必须采取相应的对策和措施,具体包括:

1. 制定和完善有关新农村建设的法规和政策

中央政府的法规和政策是社会主义新农村建设的制度保障。新农村建设的法规主要包括新农村建设的产业发展、建设规划、新农村精神文明建设、社会保障、新农村管理体制等方面的内容,在深入调查的基础上,从农村实际出发,予以充分酝酿,并逐步制定、完善和实施。各相关部门也要围绕新农村建设的总体要求,要在推进产业发展、社会发展、基础设施建设、民主建设等方面形成相关的政策体系,逐步形成有利于新农村健康发展的政策环境,要做到对于新农村建设中的项目从立项到最后的实施过程都要有政策可依,对于其中有后续部分的项目,如资金管理等还要做到后续的监测和检查,确保新农村建设的稳步推行。

2. 加强新农村建设的宣传力度,使农民能真正认识新农村建设

在广大农村进行新农村建设宣传活动,真正使农民认识到新农村建设是为他们解决问题,认识到他们是新农村建设的主体,并使得他们能积极参与到新农村建设中来。只有农民认识到这一点,才能在内心深处真正参与到其中,并且在一定程度上也会对当前的新农村建设中的一些项目活动进行监督,以使得新农村建设不偏离方向。针对当前的新农村建设中出现的把新农村建设等同于村庄建设问题,各级各部门应该加强学习,深层次认识新农村建设的涵义,同时加强检查力度,对于其中损害农民利益的做法要予以制止,并制定整改措施和惩戒措施,以防再次出现这种问题。

在加大宣传力度的同时,大力发展农村生产力,建立农民增收长效机制。在新农村建设中,各地要更加重视发展农村经济,乡村组织要根据当地的实际情况,以市场为导向,大力调整产业结构,围绕“农”字做大做强

具有地方特色农产品的产业化规模，拉长农产品产业链，引导农民发展高效农业，增加农业领域的就业量；加快发展农村二三产业，提高农村的公共服务水平，既满足了农民的需求，也增加了农民就业的领域；加快农村劳动力培训步伐，提高外出农民的劳动技术和技能，完善外出农民的维权机制和建立健全农民工的社会保障机制，做好外出农民工的就业信息、技能培训、土地承包、社会保障等工作；要进一步拓宽农民增收的渠道，因地制宜地发展县域经济，增强小城镇的就业吸纳力等等。

3. 建立新农村建设的协调机构，改变“多头管理”的局面

建设社会主义新农村是我国现代化进程中的重大历史任务，需要各级部门、社会各方面共同参与，但是，多方参与必须建立一个统一的协调机构，来协调、整合各部门的力量，形成新农村建设的合力，集中使用新农村建设的资金、资源，形成规模效应，避免新农村建设的各自为政。对于贫困地区的新农村建设，以扶贫部门的整村推进为核心，有效利用各种资源，解决贫困村面临的最主要等问题，引导农民改变贫困面貌。

4. 尊重农民意愿，搞好村庄规划

在新农村规划中尊重农民的意愿制定规划，解决农民最需要的难题。首先，村庄规划要具有前瞻性，要从村庄未来长远发展的需要进行规划。其次，村庄规划要因地制宜。要根据村庄的地形、地貌、自然景观、人文景观、历史传统、民族习俗等因素，以保留乡村特色、地方特色、民族特色为宗旨，把乡村所具有的特色通过规划更完好地保存和发扬下去，让新村规划因地制宜，各具特色，避免全国乡村规划雷同化、简单化。其三，村庄规划要遵循量力而行的原则。建设社会主义新农村是一个长期的过程，因此，规划既要着眼未来，也要考虑到当前农民的承受能力。应该根据农民的实际需求，综合考虑当地的经济发展程度、农民的承受能力来合理规划新农村的发展速度和重点，使新农村规划符合目前的实际情况，切实可行。

四、新农村建设的其他问题

1. 新农村建设要坚持“两手抓、两手都要硬”

建设社会主义新农村，其归宿和目的都是为了“人”，为了“人”的全面发展。我们进行的新农村建设，首先培养的是“新农民”，只有培养出有文化、懂技术、会经营的新型农民，才能促进农村的生产发展，才能实现农村的“乡风文明”和“管理民主”。因此，在新农村建设中，我们既要注重“生产发展”、“生活宽裕”、“村容整洁”等硬件建设，也要重视“乡风文明”、“管理民主”等“软件”建设，因为观念、制度、文化等软实力的价值正在受到越来越积极的重视，“软件”是“硬件”的“芯”，所以要从多方面加强“软件”建设。首先要发展农村教育，提高农民的文化水平，特别是加强对成人的扫盲教育，普及九年义务教育。其次要加强农民的思想道德教育。其三要创建新的治理模式和机制。

2. 加大对新农村建设的资金投入

资金投入是新农村建设的要素保障。农村基础设施改造、改善，社区公共产品的供给，需要大量的资金投入。目前，中国大部分农村还不具备为新农村发展提供资金保障的能力，需要国家加大对新农村建设的资金投入力度。资金保障可以通过财政投入、金融支持和社会资金等多方面来实现。国家财政预算要设立新农村建设专项资金，大力扶持农村经济发展、加强基础设施、公共服务设施、人居环境改善、农民社会福利保障、教育培训等方面的建设，支持农村各项事业的发展。在具体的新农村建设项目中，可以形成“各级政府投一点、受益群众出一点、帮扶单位助一点、社会各界捐一点、政策优惠减一点”的新农村建设资金投入机制，引导各种资源向新农村建设倾斜。

3. 建立试点，稳步推进

选择那些已经取得成绩的农村，作为样本进行案例研究，总结发展模式和经验，在条件合适的地区逐步推广，发挥示范带动作用。同时在国内不同地区、不同发展水平、不同产业类型的农村地区有计划地选择一批具有典型性和代表性的建设试点，在资金、政策、技术方面给以倾斜，开展新农村示范建设工作。通过新农村试点建设，有针对性地加以扶植和引导，及时总结发展过程中的经验，研究不同的发展类型和发展模式，以对新农村建设发展进行分类指导。

本讲小结

新农村建设已经在一定区域一定范围内取得了一些成绩，各地也树立了一些典型，但新农村不是一个短期的行为，而是一个长期的战略，特别是在现阶段出现的一些急功近利的行为更是应该值得吸取。因此，在当前阶段，总结经验和教训是我们进行下一步工作，以便更好进行新农村建设的当务之急。

第七讲

附件 1　建设部的新农村试点准备怎样搞①

■ 2005 年 10 月 11 日闭幕的十六届五中全会提出了建设社会主义新农村 20 字方针，为如何建设社会主义新农村破题。

■ 2005 年 11 月 12 日在江西省召开的全国村庄整治工作会议上，建设部提出要树立为农民服务的思想，因地制宜、扎实稳步推进村庄整治工作。

■ 2005 年 12 月 29 日，中央农村工作会议闭幕。会议指出，2006 年是实施“十一五”规划的开局之年，社会主义新农村建设一定要开好头、起好步。

建设“生产发展、生活宽裕、乡风文明、村容整洁、管理民主”的社会主义新农村，是一项复杂艰巨的系统工程，必须因地制宜、量力而行、稳妥推进。建设部部长汪光焘表示，建设社会主义新农村试点工作要重点关注三个方面：筛选整治的重点内容，如村庄内部道路、村庄供排水设施、村庄垃圾集中堆放点、村内乱搭滥建、人畜混杂居住等；继续探索制定村庄整治规划的方法与实施路径；研究村民参与和民主管理的实现途径与制度性保障。

因地制宜推进村庄整治

2005 年 11 月 12 日，在江西召开的全国村庄整治工作会议上，特别推荐了江西省的经验：

一是以规划为先导，强化调控作用。该省确定用三年时间完成全省建制镇、集镇和村庄规划的编制与修编。全省基本形成县(市)、镇(乡)、村三级规划控制体系，按照“撤并小型村、拆除空心村，缩减自然村、建

①选自《领导决策信息》，http://www.ccgov.org.cn/mldjc/httpwww.microsoft.comchinatechnetsecuritybulletinmshttpsearch.ccw.com.cnsearch2themethemeFmore.aspThemeID=313804-dec.mspx/0606/part/xwsj06-01.htm.

设中心村”的思路，把完善县(市)、镇(乡)、村三级规划作为工作重点。

二是以村民为主体，确立自治地位。在进行村庄规划时，该省规划人员事前要充分听取村民的意见、建议，事中要请村民代表和村干部参与收集提供有关资料，配合开展各项基础工作，事后要将规划成果提请村民理事会审议，并向全体村民公示。该省坚持不搞“一刀切”、“一阵风”，把村庄是否实施整治的决策权交给群众。

三是以功能为基础，改善人居环境。该省提出“三清三改”(清垃圾、清淤泥、清路障；改水、改厕、改路)近期村庄整治内容。突出抓四个方面的整治，即治乱、治脏、治路、治水。

四是以质量为生命，加强整治管理。南昌市政府明确按照农村人口万分之一的比例配备村镇建设助理员，已建成小康示范村108个；宜春市要求县乡两级必须建立村镇建设管理机构，并按比例配备村镇建设助理员，经费纳入财政预算范围；余干县分片成立了6个村镇规划建设管理所，使县建设部门的职能有效地向村镇延伸；南昌经济开发区蛟桥镇下罗村建立了村组干部、党员、村民代表、监理四方联动的村庄整治质量监管体制，确保村民住上安居工程。

五是以生态为灵魂，保护挖掘古迹。赣州市提出了“一个保留、两个坚持、三个不”的思路。“一个保留”，就是保留农村的历史文脉，注意传承建筑文化。“两个坚持”，就是坚持人与自然和谐，坚持不搞千篇一律。“三个不”，就是在村庄整治和建设中力求做到不推山、不填塘、不砍树。从2003年开始，浙江省启动了“千村示范、万村整治”工程，并呈现出以下五个发展趋势：一是从重点突破自然村落向连片整治演进，二是从着力改善村容村貌向整体治理区域环境演进，三是从率先整治人居环境开始向配套发展社区服务演进，四是从就地改造自然村落开始向集聚优化村庄布局演进，五是从单纯建设村庄环境开始向联动开发特色产业演进。

新农村建设必须规划先行

社会主义新农村建设的必须规划先行，这已成为建设系统的共识。只有在乡村规划的指导下，才能统筹公共资金，解决当前农村公共服务设施严重短缺的问题，避免大拆大建，保护农村居民点的生态环境和人文环境。

2005 年年底，北京市开始首次大规模村庄规划编制，数十家规划建筑设计单位的百余名规划师、建筑师和工程师，义务为远郊区县编制试点村庄规划。市规划委要求设计师：一要做到因地制宜，搞好设计，设计不应追求高、大、洋，而是应根据当地的自然条件、风俗习惯和农村居民的生产、生活方式，设计出经济实惠，方便宜居的建筑；二要大胆创新、敢于突破，在设计中贯彻节水、节能、节材、节地、省钱的方针；三要做到基础设施先行，要让所有农村居民都能够喝上符合标准的饮用水，做到垃圾无害化处理，公共设施适用美观，房屋结构安全可靠。为了进行科学合理的农村住宅设计，改变当前农村住宅建筑总体建设水平较低、功能不全、外观单调呆板、基础设施不配套、居住环境“脏、乱、差”等问题，河南省建设厅公开征集“建设社会主义新农村住宅优秀设计方案”，然后按地区编印成《河南省优秀农村住宅标准图集》，用于指导全省农村地区的新民居建设。《辽宁省社会主义新农村住宅图集》也于 2006 年 1 月免费发放，并保证全省每个乡镇和行政村最少得到一套。

让村民当好村庄规划建设的决策者

2005 年 9 月 30 日，建设部出台了《关于村庄整治的指导意见》，特别强调村庄整治工作要建立农民参与机制，动员组织农民广泛参与。为规范农村村庄和村民住宅的规划建设和管理，陕西省第十届人大常务会第二十二次会议通过了《陕西省农村村庄规划建设条例》(以下简称《条例》)。《条例》突出了县乡村三级以及村民在农村规划建设中的地位。其中，县级政府是村庄规划的制定者。县级人民政府要对本行政区域内的村庄的总体格局做出安排，报设区的市人民政府批准后公布实施。乡镇政府是村庄规划的衔接者。对于兴建乡镇企业或村庄基础设施、公共设施，需要使用农民集体所有的土地，须经村民会议或者村民代表会议讨论同意，并报乡镇人民政府审核。村委会是村庄建设规划的实施者。在村庄建设中，《条例》要求村民委员会负责组织村庄建设规划的实施。《条例》特别强调，村民是村庄规划建设的决策者。村庄建设规划要经村民会议或者村民代表会议讨论同意,由乡(镇)人民政府报县级人民政府批准后公布实施。新建、改建村庄需要在村组或者乡(镇)集体经济组织之间置换土地的,应当经相关集体经济组织成员的村民会议 2/3 以上成员或 2/3 以上的村民代表同意。只有村民认可的新农村才是真正的新农村。《陕西省农村村庄规划建设条例》进一步明确了基层组织在农村规划建设中的地位和责任,尤其是确立了村民在新农村建设中的决策者地位,这是一个很大的突破,是对基层民主的一个新的推力。以此为基础,进一步深化村民自治,完善基层民主,探索创新村民参与和民主管理的新机制,是防止"大跃进",有效推进新农村建设试点必须认真对待的一个问题。

附件2 建设部《关于村庄整治工作的指导意见》

建村[2005]174号

各省、自治区建设厅，直辖市建委(农委)，新疆生产建设兵团建设局，计划单列市建委：

为贯彻落实中央关于建设社会主义新农村的战略部署，做好新时期村庄整治工作，搞好村庄规划建设，改善农民居住条件，改变农村面貌，我部对村庄整治工作提出以下指导意见。

一、充分认识村庄整治工作的重要意义

建设社会主义新农村是新形势下促进农村经济社会全面发展的重大战略部署，是实现全面建设小康社会目标的必然要求，是贯彻落实科学发展观和构建和谐社会的重大举措，是改变我国农村落后面貌的根本途径，是系统解决“三农”问题的综合性措施。村庄整治是社会主义新农村建设的核心内容之一，是惠及农村千家万户的德政工程，是立足于现实条件缩小城乡差别、促进农村全面发展的必由之路。加强村庄整治工作，有利于提升农村人居环境和农村社会文明，有利于改善农村生产条件、提高广大农民生活质量、焕发农村社会活力，有利于改变农村传统的农业生产生活方式。

村庄整治工作是新时期党中央、国务院赋予建设部门的重要战略任务。各地建设行政主管部门要认清形势，振奋精神，充分认识建设社会主义新农村的重要意义，增强做好村庄整治工作的自觉性、责任感、使命感和紧迫感，求真务实，与时俱进，改革创新，勇挑重担，发挥传统工作优势，积极探索新思路和新方法，扎实工作，完成党和国家交给我们的历史重任。要在各级党委、政府的统一领导下，把村庄整治工作列入重要议事日程，制定切实可行的工作方案和实施计划，协调各有关部门有计划、有步骤、创造性地推动村庄整治工作，及时研究新情况，解决新问题，总结推广新经验。

二、村庄整治工作的指导思想和基本要求

村庄整治工作要紧紧围绕全面建设小康社会目标，坚持以邓小平理论和“三个代表”重要思想为指导，牢固树立和落实科学发展观，一切从农村实际出发，尊重农民意愿，按照构建和谐社会和建设节约型社会的要求，组织动员和支持引导农民自主投工投劳，改善农村最基本的生产生活条件和人居环境，促进农村经济社会全面进步。村庄整治要充分利用已有条件，整合各方资源，坚持政府引导与农民自力更生相结合，完善村庄最基本的公共设施，改变农村落后面貌。

村庄整治工作要因地制宜，可采取新社区建设，空心村整理，城中村改造，历史文化名村保护性整治等有效形式；以村容村貌整治，废旧坑（水）塘和露天粪坑整理，村内闲置宅基地和私搭乱建清理，打通乡村连通道路和硬化村内主要道路，配套建设供水设施、排水沟渠及垃圾集中堆放点、集中场院、农村基层组织与村民活动场所、公共消防通道及设施等为主要内容进行整村整治；使整治后的村庄村容村貌整洁优美，硬化路面符合规划、饮用水质达到标准，厕所卫生符合要求，排水沟渠和新旧水塘明暗有序，垃圾收集和转运场所无害化处理，农村住宅安全经济美观、富有地方特色，面源污染得到有效控制，医疗文化教育等基本得到保障，农民素质得到明显提高，农村风尚得到有效改善。

三、因地制宜、试点引路、稳步推进村庄整治工作

村庄整治工作要认真做好两个规划。一是适应农村人口和村庄数量逐步减少的趋势，编制县域村庄整治布点规划，科学预测和确定需要撤并及保留的村庄，明确将拟保留的村庄作为整治候选对象。二是编制村庄整治规划和行动计划，合理确定整治项目和规模，提出具体实施方案和要求，规范运作程序，明确监督检查的内容与形式。

村庄整治工作要坚持试点引路，量力而行，稳步推进。根据地方经济发展水平，科学制定村庄整治的计划，确定分批分期整治方案。村庄整治是一项政策性很强的工作，各地要积极探索，先试点总结经验，然后逐步推开，以点带面，防止不顾当地财力，超越集体经济和农民的承受能力，违背群众意愿、侵害群众利益，一哄而起、盲目铺开。

村庄整治工作要因地制宜，分类指导。要尊重农村建设的客观规律，以满足农民的实际需要为前提，坚决防止盲目照抄照搬城镇建设模式。

要充分利用现有条件和设施，凡是能用的和经改造后能用的都不要盲目拆除，不搞不切实际的大拆大建，坚决防止以基本建设和行政命令的方式强行推进。坚持以改善农村最迫切需要的生产生活条件为中心，以中心村整治为重点，完善各类基础设施和公共服务设施，突出地方特色，体现农村风貌。

村庄整治工作要坚持政府管理与引导相结合。要通过村庄整治，引导农民逐步集中建房，解决农民建房占地过多问题，实现集约节约使用土地，降低人均公共设施配套成本。一方面，要加强建设管理，防止农民不按规划分散建房；另一方面，要搞好中心村规划，完善公共设施，引导独立农户和散居农户集中建房。

四、改革创新，明确责任，建立村庄整治工作的推进机制

建立分级责任制，将村庄整治任务落到实处。省区市负责提出本地区村庄整治的引导性项目、阶段性目标与实施方案；县乡负责指导与实施组织。村庄自治组织负责组织具体项目的建设，村民自主投工投劳参与项目建设及管理。建设行政主管部门要按照统一部署，从农村工作大局出发，履行工作职责，加强部门协调，密切配合，整合资源，加大村庄整治工作的技术服务和项目实施的技术指导。

建立农民参与机制，动员组织农民广泛参与。村庄整治改善农民生产生活环境，广大农民非常欢迎，参与积极性高。要为农民参与村镇建设提供制度性保障，加强政府引导与支持，确立农民在村庄整治中的主体地位，尊重农民意愿和对项目的选择，充分调动农民自力更生建设家园的积极性，激发农民自主、自强、勤勉、互助、奉献精神，让农民得到实际利益。凡是农民不认可的项目，不能强行推进；凡是农民一时不接受的项目，要先试点示范让农民逐步理解接受。

建立村庄公共设施管理的长效机制。村庄公共设施建设是手段，使用是目的，运营维护管理比建设更复杂、更具长期性。要创新体制和机制，探索村民自主管理的途径，组织引导农村干部群众参与公共设施运营维护与管理，通过村民缴费或村集体经济解决管理资金来源问题。逐步完善和推广村民理事会制度，在党支部领导下参与决策，直接听取村民的建议与诉求，畅通上情下达与下情上达渠道，密切基层组织与广大村民的联系，凝聚全体村民的力量搞好人居环境。凡能市场化运作的公共设施，均要积极利用市场机制。

建立公推民选的村庄整治驻村指导员制度。各地要根据实际情况，与县乡机构改革和公务员分流安置相结合，建立基层公推民选的村庄整治驻村指导员工作制度，鼓励公务员特别是县乡公务员参与村庄整治。驻村指导员要切实负责对村庄整治的组织与技术指导，接受村镇建设助理员的业务指导和监督。要加强对村庄整治指导员的全面培训和资金与技术支持。

建立村庄整治的培训制度。要分期、分批培训新农村建设的村镇领导干部和驻村指导员。加强对农民建设新农村基本技能的培训，提高农民的参与能力。要有计划地组织各种形式的观摩学习，总结交流各地的经验，充分发挥各地示范点、示范村、示范镇的引导、带动和辐射作用，取长补短、相互借鉴。

建立村庄整治的督促检查制度。各地要加强对村庄整治实施过程中资金与实物使用的监管，防止挪用、滥用。建立上级对下级的督察机制，鼓励社会各界、新闻媒体和广大农民对村庄整治进行监督。要接受各级人大、政协和有关部门的定期或不定期督察。建设部将会同有关部门对村庄整治工作进行指导和监督。

五、组织动员各方面力量，形成合力，共同推进村庄整治工作

村庄整治工作要与当地农村的中心工作结合起来，与村务公开民主管理工作结合起来，与基层党建工作结合起来，与保持共产党员先进性教育活动结合起来，与增加农民收入、减轻农民负担的各项改革措施结合起来，使村庄整治切实成为为农民解决实际问题，为农民群众办好事做实事的工作平台。

农村和城市是一个有机统一的整体，农业发展是整个国民经济发展中的重要一环。要建立城乡一体互动的体制和机制，通过村庄整治促进城乡经济社会协调发展和城乡二元结构的逐步改变。要争取税收、补助、贴息等政策，鼓励和引导社会资本特别是工商资本参与村庄整治，建立和增加为村庄整治服务的金融产品。动员全社会力量，鼓励社会团体、志愿者积极参与村庄整治活动，改善农村人居环境。

各地要根据本地实际情况，制定村庄整治工作的实施意见。执行中的问题与建议，请及时告我部村镇建设办公室。

中华人民共和国建设部

二〇〇五年九月三十日

附件3　村庄和集镇规划建设管理条例

第一章　总　则

第一条　为加强村庄、集镇的规划建设管理，改善村庄、集镇的生产、生活环境，促进农村经济和社会发展，制定本条例。

第二条　制定和实施村庄、集镇规划，在村庄、集镇规划区内进行居民住宅、乡（镇）村企业、乡（镇）村公共设施和公益事业等的建设，必须遵守本条例。但是，国家征用集体所有的土地进行的建设除外。

在城市规划区内的村庄、集镇规划的制定和实施，依照城市规划法及其实施条例执行。

第三条　本条例所称村庄，是指农村村民居住和从事各种生产的聚居点。

本条例所称集镇，是指乡、民族乡人民政府所在地和经县级人民政府确认由集市发展而成的作为农村一定区域经济、文化和生活服务中心的非建制镇。

本条例所称村庄、集镇规划区，是指村庄、集镇建成区和因村庄、集镇建设及发展需要实行规划控制的区域。村庄、集镇规划区的具体范围，在村庄、集镇总体规划中划定。

第四条　村庄、集镇规划建设管理，应当坚持合理布局、节约用地的原则，全面规划，正确引导，依靠群众，自力更生，因地制宜，量力而行，逐步建设，实现经济效益、社会效益和环境效益的统一。

第五条　地处洪涝、地震、台风、滑坡等自然灾害易发地区的村庄和集镇，应当按照国家和地方的有关规定，在村庄、集镇总体规划中制定防灾措施。

第六条　国务院建设行政主管部门主管全国的村庄、集镇规划建设管理工作。

县级以上地方人民政府建设行政主管部门主管本行政区域的村庄、集镇规划建设管理工作。

乡级人民政府负责本行政区域的村庄、集镇规划建设管理工作。

第七条　国家鼓励村庄、集镇规划建设管理的科学研究，推广先进技术，提倡在村庄和集镇建设中，结合当地特点，采用新工艺、新材料、新结构。

第二章　村庄和集镇规划的制定

第八条　村庄、集镇规划由乡级人民政府负责组织编制，并监督实施。

第九条　村庄、集镇规划的编制，应当遵循下列原则：

（一）根据国民经济和社会发展计划，结合当地经济发展的现状和要求，以及自然环境、资源条件和历史情况等，统筹兼顾，综合部署村庄和集镇的各项建设；

（二）处理好近期建设与远景发展、改造与新建的关系，使村庄、集镇的性质和建设的规模、速度和标准，同经济发展和农民生活水平相适应；

（三）合理用地，节约用地，各项建设应当相对集中，充分利用原有建设用地，新建、扩建工程及住宅应当尽量不占用耕地和林地；

（四）有利生产，方便生活，合理安排住宅、乡（镇）村企业、乡（镇）村公共设施和公益事业等的建设布局，促进农村各项事业协调发展，并适当留有发展余地；

（五）保护和改善生态环境，防治污染和其他公害，加强绿化和村容镇貌、环境卫生建设。

第十条　村庄、集镇规划的编制，应当以县域规划、农业区划、土地利用总体规划为依据，并同有关部门的专业规划相协调。

县级人民政府组织编制的县域规划，应当包括村庄、集镇建设体系规划。

第十一条　编制村庄、集镇规划，一般分为村庄、集镇总体规划和村庄、集镇建设规划两个阶段进行。

第十二条　村庄、集镇总体规划，是乡级行政区域内村庄和集镇布点规划及相应的各项建设的整体部署。

村庄、集镇总体规划的主要内容包括：乡级行政区域的村庄、集镇布点，村庄和集镇的位置、性质、规模和发展方向，村庄和集镇的交通、供水、供电、邮电、商业、绿化等生产和生活服务设施的配置。

第十三条　村庄、集镇建设规划，应当在村庄、集镇总体规划指导下，具体安排村庄、集镇的各项建设。

集镇建设规划的主要内容包括：住宅、乡（镇）村企业、乡（镇）村公共设施、公益事业等各项建设的用地布局、用地规模，有关的技术经济指标，近期建设工程以及重点地段建设具体安排。

村庄建设规划的主要内容，可以根据本地区经济发展水平，参照集镇建设规划的编制内容，主要对住宅和供水、供电、道路、绿化、环境卫生以及生产配套设施作出具体安排。

第十四条　村庄、集镇总体规划和集镇建设规划，须经乡级人民代表大会审查同意，由乡级人民政府报县级人民政府批准。

村庄建设规划，须经村民会议讨论同意，由乡级人民政府报县级人民政府批准。

第十五条　根据社会经济发展需要，依照本条例第十四条的规定，经乡级人民代表大会或者村民会议同意，乡级人民政府可以对村庄、集镇规划进行局部调整，并报县级人民政府备案。涉及村庄、集镇的性质、规模、发展方向和总体布局重大变更的，依照本条例第十四条规定的程序办理。

第十六条　村庄、集镇规划期限，由省、自治区、直辖市人民政府根据本地区实际情况规定。

第十七条　村庄、集镇规划经批准后，由乡级人民政府公布。

第三章　村庄和集镇规划的实施

第十八条　农村村民在村庄、集镇规划区内建住宅的，应当先向村集体经济组织或者村民委员会提出建房申请，经村民会议讨论通过后，按照下列审批程序办理：

（一）需要使用耕地的，经乡级人民政府审核、县级人民政府建设行政主管部门审查同意并出具选址意见书后，方可依照《土地管理法》向县级人民政府土地管理部门申请用地，经县级人民政府批准后，由县级人民政府土地管理部门划拨土地；

（二）使用原有宅基地、村内空闲地和其他土地的，由乡级人民政府根据村庄、集镇规划和土地利用规划批准。

城镇非农业户口居民在村庄、集镇规划区内需要使用集体所有的土地建住宅的，应当经其所在单位或者居民委员会同意后，依照前款第（一）项规定的审批程序办理。

回原籍村庄、集镇落户的职工、退伍军人和离休、退休干部以及回乡定居的华侨、港澳台同胞，在村庄、集镇规划区内需要使用集体所有的土地建住宅的，依照本条第一款第（一）项规定的审批程序办理。

第十九条　兴建乡（镇）村企业，必须持县级以上地方人民政府批准的设计任务书或者其他批准文件，向县级人民政府建设行政主管部门申请选址定点，县级人民政府建设行政主管部门审查同意并出具选址意见书后，建设单位方可依法向县级人民政府土地管理部门申请用地，经县级以上人民政府批准后，由土地管理部门划拨土地。

第二十条　乡（镇）村公共设施、公益事业建设，须经乡级人民政府审核、县级人民政府建设行政主管部门审查同意并出具选址意见书后，建设单位方可依法向县级人民政府土地管理部门申请用地，经县级以上人民政府批准后，由土地管理部门划拨土地。

第四章　村庄和集镇建设的设计、施工管理

第二十一条　在村庄、集镇规划区内，凡建筑跨度、跨径或者高度超出规定范围的乡（镇）村企业、乡（镇）村公共设施和公益事业的建筑工程，以及二层（含二层）以上的住宅，必须由取得相应的设计资质证书的单位进行设计，或者选用通用设计、标准设计。

跨度、跨径和高度的限定，由省、自治区、直辖市人民政府或者其授权的部门规定。

第二十二条　建筑设计应当贯彻适用、经济、安全和美观的原则，符合国家和地方有关节约资源、抗御灾害的规定，保持地方特色和民族风格，并注意与周围环境相协调。

农村居民住宅设计应当符合紧凑、合理、卫生和安全的要求。

第二十三条　承担村庄、集镇规划区内建筑工程施工任务的单位，必须具有相应的施工资质等级证书或者资质审查证书，并按照规定的经营

范围承担施工任务。

在村庄、集镇规划区内从事建筑施工的个体工匠，除承担房屋修缮外，须按有关规定办理施工资质审批手续。

第二十四条　施工单位应当按照设计图纸施工。任何单位和个人不得擅自修改设计图纸；确需修改的，须经原设计单位同意，并出具变更设计通知单或者图纸。

第二十五条　施工单位应当确保施工质量，按照有关的技术规定施工，不得使用不符合工程质量要求的建筑材料和建筑构件。

第二十六条　乡（镇）村企业、乡（镇）村公共设施、公益事业等建设，在开工前，建设单位和个人应当向县级以上人民政府建设行政主管部门提出开工申请，经县级以上人民政府建设行政主管部门对设计、施工条件予以审查批准后，方可开工。

农村居民住宅建设开工的审批程序，由省、自治区、直辖市人民政府规定。

第二十七条　县级人民政府建设行政主管部门，应当对村庄、集镇建设的施工质量进行监督检查。村庄、集镇的建设工程竣工后，应当按照国家的有关规定，经有关部门竣工验收合格后，方可交付使用。

第五章　房屋、公共设施、村容镇貌和环境卫生管理

第二十八条　县级以上人民政府建设行政主管部门，应当加强对村庄、集镇房屋的产权、产籍的管理，依法保护房屋所有人对房屋的所有权。具体办法由国务院建设行政主管部门制定。

第二十九条　任何单位和个人都应当遵守国家和地方有关村庄、集镇的房屋、公共设施的管理规定，保证房屋的使用安全和公共设施的正常使用，不得破坏或者损毁村庄、集镇的道路、桥梁、供水、排水、供电、邮电、绿化等设施。

第三十条　从集镇收取的城市维护建设税，应当用于集镇公共设施的维护和建设，不得挪作他用。

第三十一条　乡级人民政府应当采取措施，保护村庄、集镇饮用水源；有条件的地方，可以集中供水，使水质逐步达到国家规定的生活饮用

水卫生标准。

第三十二条　未经乡级人民政府批准，任何单位和个人不得擅自在村庄、集镇规划区内的街道、广场、市场和车站等场所修建临时建筑物、构筑物和其他设施。

第三十三条　任何单位和个人都应当维护村容镇貌和环境卫生，妥善处理粪堆、垃圾堆、柴草堆，养护树木花草，美化环境。

第三十四条　任何单位和个人都有义务保护村庄、集镇内的文物古迹、古树名木和风景名胜、军事设施、防汛设施，以及国家邮电、通信、输变电、输油管道等设施，不得损坏。

第三十五条　乡级人民政府应当按照国家有关规定，对村庄、集镇建设中形成的具有保存价值的文件、图纸、资料等及时整理归档。

第六章　罚　则

第三十六条　在村庄、集镇规划区内，未按规划审批程序批准而取得建设用地批准文件，占用土地的，批准文件无效，占用的土地由乡级以上人民政府责令退回。

第三十七条　在村庄、集镇规划区内，未按规划审批程序批准或者违反规划的规定进行建设，严重影响村庄、集镇规划的，由县级人民政府建设行政主管部门责令停止建设，限期拆除或者没收违法建筑物、构筑物和其他设施；影响村庄、集镇规划，尚可采取改正措施的，由县级人民政府建设行政主管部门责令限期改正，处以罚款。

农村居民未经批准或者违反规划的规定建住宅的，乡级人民政府可以依照前款规定处罚。

第三十八条　有下列行为之一的，由县级人民政府建设行政主管部门责令停止设计或者施工、限期改正，并可处以罚款：

（一）未取得设计资质证书，承担建筑跨度、跨径和高度超出规定范围的工程以及二层以上住宅的设计任务或者未按设计资质证书规定的经营范围，承担设计任务的；

（二）未取得施工资质等级证书或者资质审查证书或者未按规定的经营范围，承担施工任务的；

(三)不按有关技术规定施工或者使用不符合工程质量要求的建筑材料和建筑构件的;

(四)未按设计图纸施工或者擅自修改设计图纸的。

取得设计或者施工资质证书的勘察设计、施工单位,为无证单位提供资质证书,超过规定的经营范围,承担设计、施工任务或者设计、施工的质量不符合要求,情节严重的,由原发证机关吊销设计或者施工的资质证书。

第三十九条　有下列行为之一的,由乡级人民政府责令停止侵害,可以处以罚款;造成损失的,并应当赔偿:

(一)损坏村庄和集镇的房屋、公共设施的;

(二)乱堆粪便、垃圾、柴草,破坏村容镇貌和环境卫生的。

第四十条　擅自在村庄、集镇规划区内的街道、广场、市场和车站等场所修建临时建筑物、构筑物和其他设施的,由乡级人民政府责令限期拆除,并可处以罚款。

第四十一条　损坏村庄、集镇内的文物古迹、古树名木和风景名胜、军事设施、防汛设施,以及国家邮电、通信、输变电、输油管道等设施的,依照有关法律、法规的规定处罚。

第四十二条　违反本条例,构成违反治安管理行为的,依照治安管理处罚条例的规定处罚;构成犯罪的,依法追究刑事责任。

第四十三条　村庄、集镇建设管理人员玩忽职守、滥用职权、徇私舞弊的,由所在单位或者上级主管部门给予行政处分;构成犯罪的,依法追究刑事责任。

第四十四条　当事人对行政处罚决定不服的,可以自接到处罚决定通知之日起十五日内,向作出处罚决定机关的上一级机关申请复议;对复议决定不服的,可以自接到复议决定之日起十五日内,向人民法院提起诉讼。当事人也可以自接到处罚决定通知之日起十五日内,直接向人民法院起诉。当事人逾期不申请复议,也不向人民法院提起诉讼,又不履行处罚决定的,作出处罚决定的机关可以申请人民法院强制执行或者依法强制执行。

第七章　附　则

第四十五条　未设镇建制的国营农场场部、国营林场场部及其基层居民点的规划建设管理，分别由国营农场、国营林场主管部门负责，参照本条例执行。

第四十六条　省、自治区、直辖市人民政府可以根据本条例制定实施办法。

第四十七条　本条例由国务院建设行政主管部门负责解释。

第四十八条　本条例自 1993 年 11 月 1 日起施行。

附件4 中共中央国务院关于推进社会主义新农村建设的若干意见(摘选)

四、加强农村基础设施建设,改善社会主义新农村建设的物质条件

(15)大力加强农田水利、耕地质量和生态建设。在搞好重大水利工程建设的同时,不断加强农田水利建设。加快发展节水灌溉,继续把大型灌区续建配套和节水改造作为农业固定资产投资的重点。加大大型排涝泵站技术改造力度,配套建设田间工程。大力推广节水技术。实行中央和地方共同负责,逐步扩大中央和省级小型农田水利补助专项资金规模。切实抓好以小型灌区节水改造、雨水集蓄利用为重点的小型农田水利工程建设和管理。继续搞好病险水库除险加固,加强中小河流治理。要大力加强耕地质量建设,实施新一轮沃土工程,科学施用化肥,引导增施有机肥,全面提升地力。增加测土配方施肥补贴,继续实施保护性耕作示范工程和土壤有机质提升补贴试点。农业综合开发要重点支持粮食主产区改造中低产田和中型灌区节水改造。按照建设环境友好型社会的要求,继续推进生态建设,切实搞好退耕还林、天然林保护等重点生态工程,稳定完善政策,培育后续产业,巩固生态建设成果。继续推进退牧还草、山区综合开发。建立和完善生态补偿机制。做好重大病虫害防治工作,采取有效措施防止外来有害生物入侵。加强荒漠化治理,积极实施石漠化地区和东北黑土区等水土流失综合防治工程。建立和完善水电、采矿等企业的环境恢复治理责任机制,从水电、矿产等资源的开发收益中,安排一定的资金用于企业所在地环境的恢复治理,防止水土流失。

(16)加快乡村基础设施建设。要着力加强农民最急需的生活基础设施建设。在巩固人畜饮水解困成果基础上,加快农村饮水安全工程建设,优先解决高氟、高砷、苦咸、污染水及血吸虫病区的饮水安全问题。有条件的地方,可发展集中式供水,提倡饮用水和其他生活用水分质供水。要加快农村能源建设步伐,在适宜地区积极推广沼气、秸秆气化、小水电、太阳能、风力发电等清洁能源技术。从2006年起,大幅度增加农村沼气建设投资规模,有条件的地方,要加快普及户用沼气,支持养殖场建设大中

型沼气。以沼气池建设带动农村改圈、改厕、改厨。尽快完成农村电网改造的续建配套工程。加强小水电开发规划和管理，扩大小水电代燃料试点规模。要进一步加强农村公路建设，到“十一五”期末基本实现全国所有乡镇通油(水泥)路，东、中部地区所有具备条件的建制村通油(水泥)路，西部地区基本实现具备条件的建制村通公路。要积极推进农业信息化建设，充分利用和整合涉农信息资源，强化面向农村的广播电视电信等信息服务，重点抓好“金农”工程和农业综合信息服务平台建设工程。引导农民自愿出资出劳，开展农村小型基础设施建设，有条件的地方可采取以奖代补、项目补助等办法给予支持。按照建管并重的原则，逐步把农村公路等公益性基础设施的管护纳入国家支持范围。

(17)加强村庄规划和人居环境治理。随着生活水平提高和全面建设小康社会的推进，农民迫切要求改善农村生活环境和村容村貌。各级政府要切实加强村庄规划工作，安排资金支持编制村庄规划和开展村庄治理试点；可从各地实际出发制定村庄建设和人居环境治理的指导性目录，重点解决农民在饮水、行路、用电和燃料等方面的困难，凡符合目录的项目，可给予资金、实物等方面的引导和扶持。加强宅基地规划和管理，大力节约村庄建设用地，向农民免费提供经济安全适用、节地节能节材的住宅设计图样。引导和帮助农民切实解决住宅与畜禽圈舍混杂问题，搞好农村污水、垃圾治理，改善农村环境卫生。注重村庄安全建设，防止山洪、泥石流等灾害对村庄的危害，加强农村消防工作。村庄治理要突出乡村特色、地方特色和民族特色，保护有历史文化价值的古村落和古民宅。要本着节约原则，充分立足现有基础进行房屋和设施改造，防止大拆大建，防止加重农民负担，扎实稳步地推进村庄治理。

参考文献

[1] 中共中央关于制定国民经济和社会发展第十一个五年规划的建议. 中国网,2005 年 10 月 19 日.
[2] 中共中央国务院关于推进社会主义新农村建设的若干意见. 中国网, 2006 年 2 月 21 日.
[3] 方明,刘军. 新农村建设政策理论文集. 北京:中国建筑工业出版社, 2006.
[4] 李佐军. 中国新农村建设报告. 北京:社科文献出版社,2006.
[5] 瞿振元,李小云,王秀清. 中国社会主义新农村建设研究. 北京:社科文献出版社,2006.
[6] 张富良,洪向华. 建设社会主义新农村学习读本. 北京:中国党史出版社,2006.
[7] 徐祥麟,周少莹. 党员干部建设社会主义新农村读本. 北京:红旗出版社,2006.
[8] 金其铭. 中国农村聚落地理. 南京:江苏科学技术出版社,1989.
[9] 农业部农民科技教育培训中心,北京农业职业学院. 建设社会主义新农村 100 问. 北京:中国农业大学出版社,2006.
[10] 董忠堂. 建设社会主义新农村论纲. 北京:人民日报出版社,2005.
[11] 李允祥. 社会主义新农村建设中的村容整洁. 山东省农业管理干部学院学报,2006(2).
[12] 仇保兴. 我国农村村庄整治的意义、误区与对策. 城市发展研究, 2006(1).
[13] 吴良镛. 区域规划与人居环境创造. 城市发展研究,2005(4).
[14] 赵红,金宗长. 编制新农村建设标准浅议. 中华建设,2006(6).
[15] 李兵弟. 农村人居环境治理的路径和方法. 中国井冈山干部学院学报,2006(6).
[16] 赵经平,李海涛. 村庄治理,从哪里做起?. 山西农业,2006(12).
[17] 汪光焘. 搞好村庄规划和治理,改善农村人居环境. 求是杂志,2006(9).

[18] 邵爱云,方明,李霞.村庄整治项目的确定及相关措施.建筑学报,2006(5).
[19] 李兵弟.通过村庄整治改善农村人居环境.建筑学报,2006(5).
[20] 陆学艺.关于社会主义新农村建设的几个问题.宏观经济研究,2006(6).
[21] 国家发改委产业经济与技术经济研究所课题组.关于我国社会主义新农村建设若干问题的研究.经济研究参考,2006(50).
[22]蓝海涛.我国部分地区新农村建设的经验与启示.农业经济问题,2006(3).
[23] 建设部对村庄整治工作提出指导意见.城市规划通讯,2006(20).
[24] 2006 年建设部村镇建设工作要点.城市规划通讯,2006(8).
[25] 王富更.村庄规划若干问题探讨.城市规划学刊,2006(3).
[26] 建设部的新农村试点准备怎样搞.领导决策信息,2006(6).
[27] 李建平.村庄整治应因地制宜.小城镇建设,2005(1).

图书在版编目(CIP)数据

新农村:村容整洁/左停主编.—北京:中国农业大学出版社,2007.1
(社会主义新农村建设·政策导读丛书)
ISBN 978-7-81117-144-0

Ⅰ.村…　Ⅱ.左…　Ⅲ.农业环境-环境保护-中国　Ⅳ.X322.2

中国版本图书馆 CIP 数据核字(2006)第 160121 号

书　名	新农村:村容整洁		
作　者	左停　主编		
策划编辑	魏秀云　孙　勇	**责任编辑**	张苏明
封面设计	楠竹文化	**责任校对**	王晓凤　陈　莹
出版发行	中国农业大学出版社		
社　址	北京市海淀区圆明园西路 2 号	**邮政编码**	100193
电　话	发行部 010-62731190,2620	**读者服务部**	010-62732336
	编辑部 010-62732617,2618	**出　版　部**	010-62733440
网　址	http://www.cau.edu.cn/caup	**e-mail**	cbsszs @ cau.edu.cn
经　销	新华书店		
印　刷	涿州市星河印刷有限公司		
版　次	2007 年 1 月第 1 版　2009 年 8 月第 3 次印刷		
规　格	787×980　16 开本　14.5 印张　214 千字		
定　价	20.00 元		

图书如有质量问题本社发行部负责调换